国家自然科学基金项目(52274097)资助

国家自然科学基金项目(52074265)资助

全柱状覆岩运动原位监测技术及应用

谢建林　王晓振　朱卫兵　许家林　著

中国矿业大学出版社

· 徐州 ·

内 容 提 要

基于关键层理论与全柱状思想,本书采用全柱状覆岩运动原位监测技术,对煤层开采过程中的多源信息进行全过程实时监测与综合分析,结合冲击地压防治、离层探测、强矿压治理等不同类型的应用案例进行了详细介绍,为掌握上覆岩层运动规律提供了理论与应用基础。

本书可供从事采矿、安全、地质等领域的科技工作者、高等院校师生和煤矿企业生产管理者参考。

图书在版编目(CIP)数据

全柱状覆岩运动原位监测技术及应用 / 谢建林等著.
徐州 : 中国矿业大学出版社,2024.7. — ISBN 978-7
-5646-6334-6

Ⅰ.TD82

中国国家版本馆 CIP 数据核字第 2024RX1001 号

书　　名	全柱状覆岩运动原位监测技术及应用
著　　者	谢建林　王晓振　朱卫兵　许家林
责任编辑	吴学兵　马晓彦
出版发行	中国矿业大学出版社有限责任公司
	（江苏省徐州市解放南路　邮编221008）
营销热线	(0516)83885370　83884103
出版服务	(0516)83995789　83884920
网　　址	http://www.cumt.com　E-mail:cumtpvip@cumtp.com
印　　刷	苏州市古得堡数码印刷有限公司
开　　本	787 mm×1092 mm　1/16　印张 10.5　字数 206 千字
版次印次	2024 年 7 月第 1 版　2024 年 7 月第 1 次印刷
定　　价	47.00 元

（图书出现印装质量问题,本社负责调换）

前　言

　　随着工作面开采的不断推进,上覆岩层破坏在时空上发生转移,其影响范围可能从煤层上方逐渐往上不断发展直至地表,导致一系列的环境与安全问题的出现。煤炭开采引起的采动损害问题普遍与覆岩移动有关,研究采动过程中的覆岩内部运动规律是解决此类问题的关键。掌握覆岩内部运动规律对采场矿压显现、岩层裂隙演化与水体下采煤、冲击地压、瓦斯抽采、地表沉陷与充填控制等工程问题治理都具有重要的理论与指导意义。

　　由于煤炭开采技术的发展及工程实际需要,亟须对上覆岩层内部这个"黑箱"开展研究。为了表征与直观显示复杂的覆岩内部结构,现场观测是最为客观直接的方法。全柱状覆岩运动原位监测技术可以实现对煤层开采过程中的覆岩内部运动、地表沉陷全天候实时协同监测,并通过监测平台进行数据采集和存储。监测数据可基于云平台进行无线远程传输、存储与分析,以便掌握不同煤层开采条件下采前、采中、采后全过程的覆岩运动规律,为分析和解决采动损害和环境破坏问题提供重要基础数据支撑。

　　本书主要介绍了全柱状覆岩运动原位监测技术及其在几种不同类型现场的应用案例。

　　(1) 介绍了全柱状覆岩运动原位监测技术在千米深井的冲击地压矿井中的应用。首次实现了单一千米深孔的位移、应变、地表沉陷等多源传感数据协同采集,为掌握大埋深、厚煤层与巨厚含水层等复杂地质条件下的采场覆岩运动规律提供了可靠的实测手段。建立了基于覆岩内部运动、井下微震与工作面矿压等多源原位感知信息的覆岩运动特征协同分析方法,原位验证了关键层控制覆岩台阶式分组运动的规律,发现了关键层运动变形与工作面支架阻力、微震事件能量变化的同步特征,为深部高冲击风险工作面灾害治理提供了新的指导思路。

(2)介绍了全柱状覆岩运动原位监测技术在离层探测中的应用。采用分布式光纤与多点位移计进行覆岩内部变形的原位监测,并结合相邻钻孔的水位深度测量结果,对覆岩离层的发育规律进行综合分析。两种变形监测技术得到的结果基本一致,验证了原位监测结果的准确性。通过本书的原位监测方法能够直观地得到覆岩离层的发育层位,对现场开展离层水灾害治理具有很好的指导意义。

(3)介绍了全柱状覆岩运动原位监测技术在强矿压工作面中的应用。通过全柱状覆岩运动原位监测技术掌握了特厚煤层综放开采条件下覆岩关键层运动对采场矿压的作用规律,揭示了充分采动条件下覆岩全地层联合下沉运动规律,揭示了不同层位关键层破断运动与工作面矿压显现之间的对应关系,确定了影响采场矿压显现强度的主控关键层。

(4)介绍了全柱状覆岩运动规律的综合分析研究案例。在研究覆岩运动时应遵循"全柱状"思想,从钻孔全柱状出发研究岩层控制问题。结合葫芦素矿一个具体的工作面进行研究,通过数值模拟、物理模拟与原位监测相结合的方法,结合关键层理论,对开采过程中全柱状覆岩运动规律进行研究。研究结论为该矿瓦斯抽采、保水开采、注浆充填等工程问题治理提供了参考依据。

本书得到了国家自然科学基金项目"全柱状覆岩关键层运动的多源信息特征提取及其智能预测"(项目编号:52274097)、"高位巨厚关键层破断致灾机制及弱化改性方法研究"(项目编号:52074265)的资助。

感谢课题组宁杉、张嘉岢、王育琪、韩彬等研究生在现场实测和实验室模拟研究中所做的大量工作,感谢陕西正通煤业有限责任公司、陕西永陇能源开发建设有限责任公司、山西同忻煤矿、中煤天津设计工程有限责任公司等单位的领导与技术人员在现场实测过程中所提供的帮助,并对本书所引用资料和文献的作者表示最诚挚的感谢。

受作者水平所限,书中难免存在不足之处,恳请同行专家和读者指正。联系电子邮箱:xjlin@cumt.edu.cn。

作　者

2024 年 4 月

目　　录

1 绪　　论

1.1　研究背景与意义

随着工作面开采的不断推进,上覆岩层破坏在时空上发生转移,其影响范围可能从煤层上方逐渐往上不断发展直至地表,导致一系列的环境与安全问题的出现。煤炭开采引起的采动损害问题普遍与覆岩移动有关,研究采动过程中的覆岩内部运动规律是解决此类问题的关键。掌握覆岩内部运动规律对采场矿压显现[1]、岩层裂隙演化与水体下采煤[2-3]、冲击地压[4]、瓦斯抽采[5]、地表沉陷与充填控制[6-7]等工程问题治理都具有重要的理论与指导意义。

由于煤炭开采技术的发展及工程实际需要,亟须对上覆岩层内部这个"黑箱"开展研究。为表征与直观显示复杂的覆岩内部结构,现场观测是最为客观直接的方法。常用的覆岩内部运动现场观测方法主要有钻孔观测与地球物理勘探两类[8]。在进行钻孔观测时开采工作面前方布置的监测钻孔内部经常会出现不同程度的变形破坏现象,这为通过钻孔数据探究覆岩内部运动规律带来一定的难度[9];而地球物理勘探所采集的数据范围和网度有限、数据精度不足,导致地球物理反演结果通常具有非唯一性[10];因此,单一的覆岩内部运动规律观测方法都具有一定的局限性。

随着煤层埋深的增加,覆岩应力逐渐增大,高强度的开采工作对工作面产生动力显现等灾害影响的覆岩范围也相应增大,因此研究对象不能局限于基本顶以下的覆岩范围。由于开采工作面的覆岩内部结构条件变化复杂,无法在研究过程中将所有上覆岩层完整体现,但可以在不改变其整体力学特性的前提下进行简化,着重对主要承载结构的运动规律进行分析。关键层为上覆岩层中的主要承载结构,采动岩体中的关键层理论是解释岩体运动全过程的良好科学方法和途径[11]。基于关键层理论与全柱状(开采煤层至地表的整个覆岩范围)思想[12],中国矿业大学岩层移动与绿色开采团队采用全柱状覆岩运动井上下一体化集成监测技术,对煤层开采过程中的多源信息(工作面支架压力与超前支承压力、采空区应力、全柱状覆岩内部应变与位移、地表沉陷)进行全过程实时监测。

通过地面钻孔内部原位监测发现,上覆岩层内部的运动变形具有显著分层特性,该分层性与覆岩关键层结构分布具有较好的对应性;并且覆岩关键层的运动规律与覆岩内部应变、工作面支架压力等信息之间存在关联性。

1.2 国内外研究现状

1.2.1 覆岩内部运动规律的理论研究

从 19 世纪末开始,国外一些学者对岩层移动的规律进行了一些初步的力学结构假设,到近现代苏联、美国、南非、澳大利亚等一些国家的学者进一步发展了力学方法在覆岩移动变形方面的应用[13-14]。国内在此方面运用力学理论分析的方法进行研究并取得了较多的成果。钱鸣高等[15]根据岩层内部移动实测结果提出了采场上覆岩层"砌体梁"结构假说并给出了力学模型,并在此结构理论的基础上提出了岩层控制的关键层理论。宋振琪[16]将矿山压力控制与覆岩运动结合起来,建立了采场结构力学模型。张向东等[17]根据流变力学理论和控制板梁组合运动理论,研究了覆岩运动及离层发展的时空过程。王金安等[18]运用弹性基础厚板理论研究了巨厚岩层下煤层不同开采阶段对上覆岩层的影响和岩层断裂机制。伍永平等[19]研究认为,大倾角煤层采场顶板破断后形成了倾斜砌体结构,该砌体结构以倾向堆砌和反倾向堆砌两种形式存在。蒋金泉等[20]建立了高位硬厚岩层三边固支一边简支弹性薄板力学模型,并根据覆岩破裂形态提出了破断步距的计算方法。于斌等[21]建立了特厚煤层开采大空间采场岩层结构演化模型。左建平等[22]基于采动岩层破断移动全过程分析和前人研究成果,提出了充分采动覆岩整体移动的"类双曲线"模型。文志杰等[23]提出了采场空间结构模型并构建了相关采场灾害控制结构力学模型。

1.2.2 覆岩内部运动规律的模拟与实测研究方法

相似模拟实验是目前研究覆岩运动规律时被广泛采用的研究手段。姜福兴等[24]采用机械模拟实验方法研究了"岩层运动-支承压力"关系。黄庆享等[25]通过动态载荷相似模拟实验,得出了工作面顶板关键层动态载荷分布总体规律。赵德深等[26]运用室内相似材料模拟技术,对煤层开采过程中上覆岩层的周期来压、垮落步距、岩层位移、破坏规律进行了模拟和观测研究。周英等[27]应用相似材料模拟方法研究了开采后上覆岩层运动过程、变化及特点,探讨了上覆岩层运动的规律。任艳芳等[28]利用相似模拟实验方法研究了浅埋煤层长壁开采覆岩破断过程中的关键特征点。郭惟嘉等[29]研制了新型的岩层结构运动演化数控机械模拟试验系统,对采动覆岩结构形变演化特征、上覆岩层破裂突变与应力场之间的关系等进行研究。鞠杨等[30]将三维物理模型与应力冻结技术相结合,为实现地下岩体内部结构的可视化研究提供了新途径。柴敬等[31]利用BOTDA分布式光纤传感技术等对三维物理模拟试验中的覆岩动态变形过程进行了监测。杨科等[32]利用光栅位移计对三维模型中的采动覆岩位移进行监测,研究了厚煤层开采覆岩破断运移规律和"三带"演化特征。

数值模拟也是研究覆岩运动规律普遍使用的一种方法。李连崇等[33]运用真实破裂过程分析(RFPA)软件分析了采动影响下三带的形成过程及整体覆岩的周期性运动模式。赵晓东等[34]在分析GIS空间数据模型和FLAC³ᴰ初始单元模型的基础上建立了GIS时空数据库,以"三带"的断裂带上限值定义了上覆岩层破坏高度函数。谢广祥等[35]通过FLAC³ᴰ数值模拟发现,综放工作面围岩存在高应力束组成的宏观应力壳,其形态是随工作面推进采场结构变化而改变的。高保彬等[36]采用UDEC数值模拟软件对大采高覆岩破断规律进行了分析。雷文杰等[37]应用有限元强度增加的非连续介质极限分析方法对综放开采覆岩垮落带与裂隙区分布进行了研究。郭文兵等[38]对覆岩破坏充分采动程度的影响因素进行了分析。笔者等[39-40]运用UDEC与FLAC³ᴰ数值模拟方法研究了不同覆岩关键层结构条件下工作面超前支承压力分布规律。

现场观测是覆岩内部运动规律最直接的研究手段。国外专家采用垂球、钻孔伸长仪等仪器设备对覆岩内部移动进行了现场观测[41-42]。国内专家早期采用在钻孔内部布置测点的方式对覆岩内部的变形进行,观测[43-44]。姜福兴等[45]采用微震定位监测技术研究了采场覆岩空间破裂与采动应力场的关系。任奋华等[46]利用覆岩破坏高度观测钻孔进行测试研究,根据钻孔冲洗液漏失量、钻孔水位变化和井下彩色钻孔电视影像,探明了煤层开采后上覆岩层内垮落带和导水裂缝带的发育高度。Tan等[47]通过钻孔探测的方法对底板岩层的裂隙特征进行了分析。张平松等[48]利用井下孔巷电阻率测试方法对煤层采动引起的顶板岩层破坏规律进行了研究。张宏伟等[49]采用大地电磁法对特厚煤层综放开采覆岩破坏高度进行了探测。张丹等[50]采用BOTDR分布式光纤传感技术对煤层采动过程中覆岩变形与破坏的发育规律进行了分析。尹希文等[51]采用钻孔位移计实测分析了超大采高工作面覆岩破断和地表岩移特征。Qu等[52]采用深孔位移计对多煤层开采后的岩层移动特征进行了分析。Wang等[53]通过地面钻孔BOTDR分布式光纤应变传感和松套多基点岩移协同监测的方式,开展了采动影响下高位关键层超前变形和移动全过程的钻孔原位监测。

1.2.3 覆岩破断后的采空区垮落形态相关研究

覆岩运动变形破断后的垮落形态对采空区应力与煤体支承应力等都会产生

显著影响,而由于采空区内部结构复杂,相关现场监测研究较少。国外研究人员对采空区的应力分布情况开展了部分实测研究工作[54-55]。国内学者对采空区的垮落形态及其应力变化规律也进行了一些初步探讨。王作宇等[56]通过现场监测得到的采空区应力数据对顶板覆岩活动的动态连续性进行了分析。来兴平等[57]采用声发射手段开展了变尺度采空区覆岩介质的动态损伤实验研究。张俊英等[58]研究了不同开采条件下采空区在地表新增荷载后采空区上覆岩层内应力的变化规律。张国华等[59]采用数值模拟方法研究了采空区顶板覆岩压力的传播规律。王树仁等[60]基于厚板理论揭示了动荷载作用下采空区顶板应力和挠度随顶板厚跨比、动荷载振动频率变化的规律。冯国瑞等[61]通过物理模拟研究了采空区上覆煤层开采层间岩层移动变形规律。赵建军等[62]研究了缓倾煤层采空区上覆岩体沿岩层走向的变形过程。Luo 等[63]运用多场耦合数字模拟方法对采空区稳定性进行了分析。Meng 等[64]应用数值软件分析了采空区岩体变形破坏的分区分带特征。梁冰等[65]运用数学建模对采空区垮落岩体应力变化进行了研究。李杨等[66]基于现场地质雷达探测结果,对采空区垮落顶板形态的典型特征和形成机理进行了研究。Xie 等[67]通过实验模拟与现场监测的方法,对采空区应力变化与关键层破断之间的关系进行了研究。

1.2.4　智能数据分析技术在采矿工程中的应用研究

随着数值计算技术的发展,神经网络、数据挖掘等智能数据分析方法逐渐被运用到采矿工程领域。Feng 等[68]运用自适应神经网络方法对煤矿顶板矿压显现进行实时预报。谭云亮等[69]建立自适应小波基神经网络激活函数模型并用于煤与瓦斯突出系统的辨识和预测。贺超峰等[70]基于 BP 神经网络对工作面周期来压进行了预测。高玮等[71]通过进化神经网络方法进行了淮南矿区典型围岩类型的物性参数反分析研究。李慧民等[72]提出了一种基于粒子群算法和 BP 神经网络的冲击危险评估方法。崔峰等[73]采用 BP 神经网络对耦合致裂后煤体的可放性进行了预测。Xie 等[74]运用灰色代数曲线 GAM 模型对顶板离层变化趋势进行了预测。彭媛等[75]选择 Data Mining 技术开展了顶板离层及锚杆应力的时序预测研究。Hou 等[76]采用前馈神经网络的数据分析方法实现了煤矸石识别。Liu 等[77]采用 BP 神经网络建立了中国煤矿事故的预警模型。赵毅鑫等[78]运用长短时记忆网络深度学习方法对工作面矿压显现规律进行了分析。葛世荣等[79]提出了数字孪生智采工作面系统的概念、架构及构建方法。王国法等[80]提出了基于"ABCD"的智能化煤矿系统耦合技术,给出了煤矿复杂巨系统的统一数据模型及决策机制的理论和方法。目前,采用智能数据分析技术对全柱状覆岩关键层运动状态预测方面的研究还较少。

1.3　监测技术原理

煤层开采后上覆岩层移动破坏是引起井下剧烈矿压、顶板突水和地表塌陷等一系列矿井灾害与环境问题的根源。开展采动上覆岩层移动机理及原位监测研究是解决上述灾害与环境问题的基础。

全柱状覆岩运动原位监测技术通过将钻孔内部岩层移动、变形监测进行集成,实现对煤层开采过程中覆岩内部运动(光纤应变、位移)、地表沉陷的全天候实时协同监测,并通过监测平台进行数据采集和存储,如图 1-1 所示。监测数据可基于云平台进行无线远程传输、存储与分析,使研究人员掌握巨厚岩层条件下采前、采中、采后全过程的覆岩运动规律,为分析和解决采动损害和环境破坏问题提供重要的基础数据支撑。

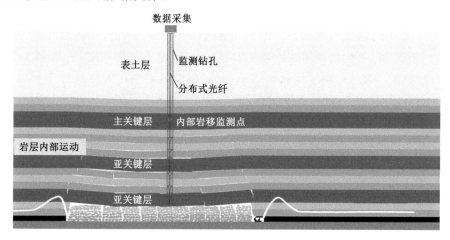

图 1-1　全柱状覆岩运动原位监测技术原理

2 全柱状覆岩运动原位监测技术 在冲击地压防治中的应用

2.1 项目背景

高家堡煤矿位于陕西省彬长矿区西北部,处在咸阳市长武县彭公镇境内。井田面积 219 km^2。矿井地质储量 9.74 亿 t,设计可采储量 4.7 亿 t,设计生产能力 5.0 Mt/a,服务年限 62.5 a。矿井采用立井单水平开拓全井田方式,共划分为 13 个盘区。设计采用综放采煤工艺、长壁后退式采煤方法,采用全部垮落法管理顶板。煤炭运输使用胶带式输送机,辅助运输使用无轨胶轮车和轨道。矿井主采延安组 4# 煤层,含煤面积 74.13 km^2,可采面积 70.09 km^2。煤层可采厚度 0.80~17.80 m,平均 9.81 m,属于较稳定的特厚煤层。

高家堡煤矿一盘区煤层大巷自 2014 年 7 月揭煤施工以来冲击地压灾害频发,具体表现为底板迅速鼓起、两帮突然鼓出、肩窝及顶板出现下沉、锚杆(索)出现断裂,同时伴随有响亮的煤炮声。尤其是在 2017 年 2 月 3 日、2017 年 9 月 27 日、2018 年 8 月 16 日和 2018 年 11 月 4 日发生多起冲击压事件,给矿井安全生产带来重大影响。高家堡主采延安组 4# 煤层,该煤层为该区唯一可采煤层,平均煤厚 9.43 m,埋深 800~1 000 m。煤层直接顶为厚度 1~4 m 的泥岩,基本顶为厚度约 10 m 的细粒砂岩,上覆多层厚度不等的粗粒砂岩,底板岩层为泥岩和铝质泥岩。一盘区已连续开采 101、103、102 三个工作面,对应走向和倾向开采尺寸达 400~450 m,但实测盘区中部地表最大下沉量仅 171 mm。二盘区已连续开采 201、202、203 三个工作面,对应走向开采尺寸约 1 000 m、倾向开采尺寸约 500 m,实测二盘区中部地表下沉系数不足 0.1,地表下沉量远小于一般地层情况下的沉陷量,但地表却多次出现明显的震动现象,体现出该区域覆岩运动具有一定的特殊性。

上覆岩层发生变形破断的同时也加剧了上覆含水层对矿井开采的威胁。本矿区内水文地质类型较为复杂,对工作面有影响的隔水层和含水层自上而下为:第四系松散层孔隙含水层,下白垩统华池组、洛河组、宜君组孔隙-裂隙承压含水层组,中侏罗统安定组泥岩隔水层,中侏罗统直罗组砂岩裂隙承压含水层,中侏罗统延安组煤层及其顶板砂岩承压含水层,下侏罗统富县组相对隔水层组。为降低工作面回采过程中的涌水风险,矿井采用了"防、疏、排"防治水策略,即加强钻探验证和水位监测,进行含水层水预排放,建立完善的排水系统。同时,在工作面上覆的洛河组岩层中进行了注浆以封堵裂隙,减少向下部的涌水量。

研究煤层上方的关键层,尤其是洛河组岩层与矿压显现、工作面涌水量异常等情况之间的关系具有重要作用,因此系统开展采场覆岩破断运动和应力演化规律研究是揭示冲击地压发生主控因素与机理的基础,同时也是矿井涌水量预测与防治的基础。

2.2 工程概况

高家堡煤矿核定生产能力 4.5 Mt/a,矿井采用立井单水平开拓。在工业场地内布置 3 条井筒,分别为主立井、副立井和回风立井。

矿井为单水平开拓,主采煤层为 4# 煤层,水平标高为 +120 m,采用单翼开采方式,共划分为 15 个盘区。

高家堡煤矿采掘平面图如图 2-1 所示。一盘区回采工作面有 4 个,分别为 101 工作面、103 工作面、102 工作面和 104 工作面,受矿井冲击地压的影响,转至二盘区回采,201 工作面、202 工作面、203 工作面和 204 工作面已回采结束,然后回采二盘区 205 工作面和三盘区 302 工作面,最后回采 301 工作面。

根据《高家堡井田水文地质补充勘探》,井田水文地质勘探类型以裂隙充水为主,矿区水文地质类型划分为复杂型。对工作面有影响的隔水层和含水层如 2.1 节所述。其中,河谷区的第四系含水层与宜君组、洛河组承压含水层是本井田主要含水层,而其他含水层含水性微弱。

煤层直接充水含水层为中侏罗统直罗组砂岩裂隙含水层、中侏罗统延安组煤层及其顶板砂岩含水层,充水方式为顶板进水。间接充水含水层为下白垩统砂砾岩含水层,充水方式为沿裂隙贯通地段渗入。各直接充水含水层埋藏深,裂隙不甚发育,补给来源有限,导水性差,径流滞缓,富水性微弱。下白垩统洛河组砂岩含水层虽为间接充水含水层,但其厚度大、分布广、富水性强,对煤矿开采构成威胁。

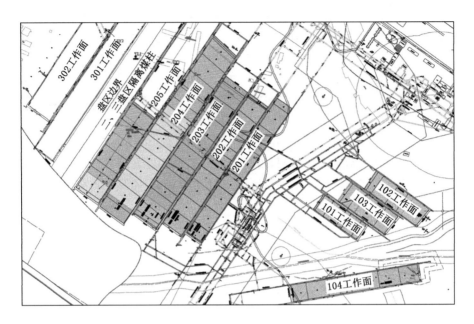

图 2-1　高家堡煤矿采掘平面图

2.3　多源数据的原位监测

2.3.1　监测方案设计

在现场布置了 3 个岩层移动监测孔，其中 ZY1 钻孔布置于 205 工作面，平面坐标为 $X=36\ 481\ 800.075\ 7$ m，$Y=3\ 904\ 507.815\ 4$ m，其距切眼 1 034 m，距收作线 411 m。钻孔平面位置如图 2-2 所示，地面对应位置如图 2-3 所示。于 2020 年 11 月 18 日至 2020 年 11 月 27 日期间完成 ZY1 岩移监测系统 1 套、GNSS 监测系统 2 套的安装工作，所有设备运行正常，现场安装过程与设备如图 2-4、图 2-5 所示。

根据监测设计方案，在 ZY1 钻孔内部总共安装 5 条锚固线缆、2 条分布式光缆，形成一个回路，通过线牵引连接孔口在线监测装置，测点深度与 5 条用于重点监测厚硬岩层运动的测点层位相匹配，如图 2-6 所示。根据 ZY1 钻孔实际地面与煤层标高的情况，各锚固测点安装的深度见表 2-1，2 条分布式光缆与锚固测点 1 的深度相同，均为 930 m。

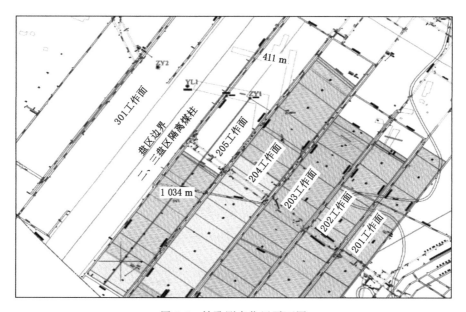

图 2-2　钻孔测点位置平面图

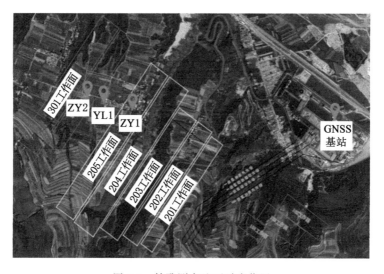

图 2-3　钻孔测点地面对应位置

图 2-4   ZY1 钻孔现场安装过程图

图 2-5   ZY1 钻孔岩移与 GNSS 设备图

表 2-1   ZY1 孔锚固测点深度表

锚固测点序号	深度/m	与煤层间距/m	相邻间距/m
1	930	27	—
2	885	72	45
3	800	157	85
4	720	237	80
5	575	382	145

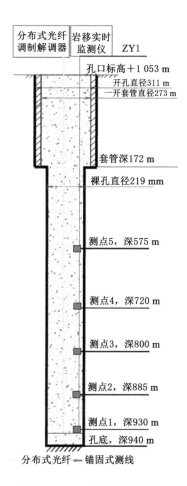

图 2-6　ZY1 钻孔监测方案

　　ZY1 钻孔的监测仪器自钻孔封孔完成以后进行了安装与调试,自 2020 年 11 月 27 日开始进行监测,此时工作面超前钻孔约 292 m。205 工作面已回采结束后,其推进情况统计如图 2-7 所示。

2.3.2　锚固测点位移覆岩内部移动监测

　　通过锚固式松套线缆布置多个锚点的方式对岩层采动过程中移动情况进行监测。与光纤监测不同的是,采用钢丝绳方式,可以长时间持续监测数据变化。在进行监测设计时,重点根据覆岩关键层位置的判别结果,将监测点设置在地层中的关键层上,以监测其运动情况。岩层受采动影响发生运动时,将带动孔内监

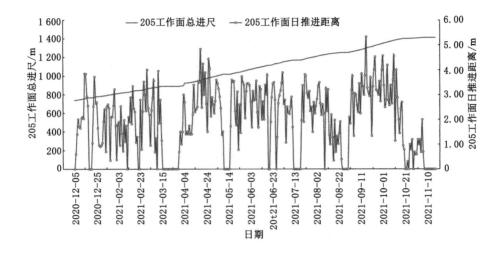

图 2-7　205 工作面推进度曲线

测点与钢丝绳一起运动,进而反馈到孔口采集系统。需要说明的是,孔内监测数据主要是相对于孔口的相对移动量,其绝对变化量需要配合孔口的沉降监测获得。钻孔内部岩移数据通过云平台监测系统(图 2-8)进行无线远程采集与传输,图 2-9 为现场监测得到的内部岩移曲线。

图 2-8　钻孔内部岩移监测系统

ZY1 孔内部锚固测点岩移变化量较小,锚固测点监测的是不同上覆岩层的相对位移变化量,冒落岩体的累积碎胀特性和上覆岩层的整体弯曲变形导致上覆岩层载荷无法往下传递,进而造成钻孔内部各测点的位移空间很小。

2.3.3　分布式光纤覆岩内部移动监测

在孔内利用光纤进行岩层运动形变观测,钻孔内部岩层随工作面开采发生的形变和破坏信息主要通过分布式光纤传感仪器进行监测。

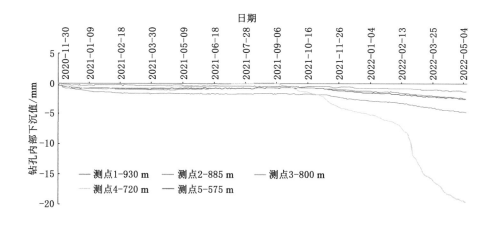

图 2-9 ZY1 内部岩移监测数据曲线

光纤传感技术是 20 世纪 80 年代伴随着光导纤维及光纤通信技术的发展而迅速发展起来的一种以光为载体、光纤为媒介,感知和传输外界信号(被测量)的新型传感技术,具有(准)分布式、长距离、实时性、耐腐蚀、抗电磁、轻便灵巧等优点,因而引起隧道结构监测界的广泛重视,成为监测技术的研究重点。

光纤(optic fiber),光导纤维的简称,一般由纤芯(core)、包层(cladding)、涂敷层(coating)和护套(jacket)构成,是一种多层介质结构的对称柱体光学纤维。

光纤的纤芯和包层为光纤结构的主体(图 2-10),对光波的传播起着决定性作用。涂敷层与护套则主要用于隔离杂光,提高光纤强度,保护光纤。纤芯直径一般为 $5 \sim 75~\mu m$,材料主体为二氧化硅,其中掺杂极微量其他材料,如二氧化锗、五氧化二磷等,以提高纤芯的化学折射率。包层为紧贴纤芯的材料层,其光学折射率稍小于纤芯材料的折射率。根据需要,包层可以是 1 层,也可以是折射率稍有差异的 2 层或多层。包层总直径一般为 $100 \sim 200~\mu m$。包层的材料一般也是二氧化硅,但其中微量掺杂物一般为三氧化二硼或四氧化二硅,以降低包层的光学折射率。涂敷层的材料一般为硅酮或丙烯酸盐,一般用于隔离杂光和保护光纤,还能使光纤的机械变形量对某种外来作用量更敏感(增敏作用),或对外来作用量变得不敏感(退敏作用),以获得待测量对光纤的最佳作用。护套的材料一般为尼龙或其他有机材料,用于增加光纤的机械强度,保护光纤。

根据不同传感系统的特点和监测需要,光纤传感系统又可以分为表 2-2 中的几种类型,传感器分布示意图如图 2-11 所示。

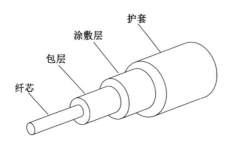

图 2-10　光纤结构示意图

表 2-2　光纤传感系统类型

类型	输出	说明
点式	$M(Z_0,t)$	传感器离散地布设在结构的局部位置,可以准确测得确定位置的应变、温度和压力等数据,但多点使用时传输线路多,不便于在结构中设置。常见的传感系统如 Fabry-Perot 干涉仪
积分式	$M(t)$	传感器具有一定的长度并在结构中连续分布,传感器总的输出是传感段所经过区域应变量或温度的平均值,它在一定程度上反映了被测结构的整体状态,但无法得到具体位置的信息,灵敏度较低。常见的传感系统主要有 Mach-Zehnder 干涉仪、Michelson 干涉仪和光纤偏振干涉仪
准分布式	$M(Z,t)$,　$Z_1<Z<Z_2$	将多个局部传感器通过光纤复用技术连接起来,实现大范围、多点的测量。各传感器的输出可通过波长、时间和频率等加以区分。常见的传感系统如 Bragg 光纤光栅
分布式	$M(Z_i,t)$,　$i=1\sim N$	在被测结构中连续分布,可以给出大范围空间内某一参量沿光纤经过位置的连续分布情况。常见的传感系统如 OTDR 和 BOTDR 等

　　光纤传感技术是伴随着光导纤维及光纤通信技术的发展而迅速发展起来的一种以光为载体、光纤为媒质,感知和传输外界信号的新型传感技术。在光通讯研究过程中,人们发现,当光纤受到外界环境因素的影响时,光纤中光波的某些物理特征(例如光强、波长、频率、相位或偏振态等)会发生相应的变化,利用光探测器对光波进行解调并按需要加以数据处理,即可得到所需的外界环境参量(应力、温度、位移等),这就是光纤传感的基本原理。分布式光纤传感是光纤传感技术中最具前途的技术之一,它应用光纤几何上的一维特性进行测量,把被测量作为光纤长度位置的函数,可以给出大范围空间内某一参量沿光纤经过位置的连续分布情况。

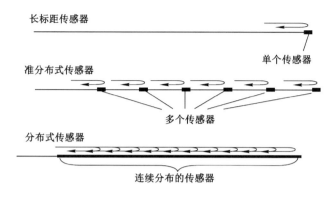

图 2-11　几种传感器分布示意图

　　光纤监测数据通过专用软件(图 2-12)进行数据转换之后,将光纤的频移信息转变为微应变信息,通过对微应变信息积分,获取不同区间的光纤轴向形变数据。由于在安装时一般会有一个光纤受拉伸状态的初始值,后续的监测数据主要是通过与初始值的对比形成差值,反映其随开采进度的变化情况;因此,所监测的数据是相对于初始状态的频移数据,转化完成之后是相对于初始状态的形变量,该形变量是位移信息。

　　钻孔内部的分布光纤安装之后,当工作面超前钻孔距离较远时,测量时间间隔可以在一周左右;工作面距离钻孔越近,监测的周期越短,以期获得重要的覆岩变形数据。

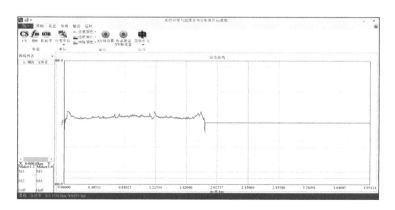

（a）　数据转化软件

图 2-12　光纤信息处理系统

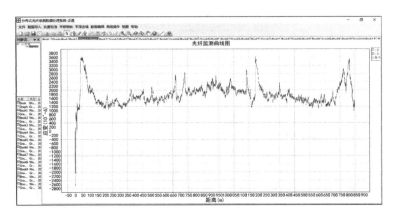

（b）数据处理软件

图 2-12（续）

ZY1 钻孔内部分布式光纤微应变的变化可以分为以下几个阶段：

（1）采动非影响区域

从 2020 年 11 月 27 日安装结束至 2020 年 12 月 29 日期间，ZY1 钻孔超前 205 工作面距离为 292～265 m，此时分布式光纤的微应变曲线基本重合而未发生明显变化，可认为此阶段 205 工作面开采对前方覆岩运动没有产生影响，如图 2-13 所示。

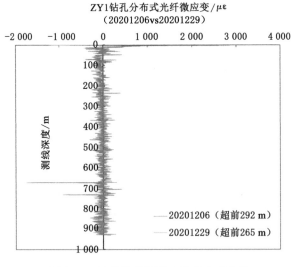

图 2-13　采前非超前影响区的应变曲线

（2）采动超前影响区域

从 2021 年 1 月 4 日起，ZY1 钻孔超前 205 工作面距离为 255 m，此时分布式光纤的微应变出现相对初始值的负应变，即应变减小，反映地层受工作面采动影响发生了超前压缩变形，可认为 205 工作面开采对前方覆岩运动的超前影响距离约为 255 m。高家堡煤矿 205 工作面在一侧已经采空的情况下，地层受超前采动影响，整个地层均发生了较为明显的压缩现象，而且压缩程度下部大于上部，其相对明显的分界位置处于埋深 860 m 左右的洛河组底界附近。这说明上部巨厚坚硬洛河组岩层的赋存特征整体性较强，在一定程度上限制了岩层在水平方向运动的趋势。

① 从 2021 年 1 月 4 日至 2021 年 5 月 6 日期间，ZY1 钻孔超前 205 工作面距离为 255~13 m，此时分布式光纤的微应变以压缩应变为主，且下部靠近煤层段压应变明显大于上段，表明覆岩处于超前压缩状态，并且在 900 m 位置处的压应变最大。将此区域视为采前超前影响的压缩变形区 I，如图 2-14 所示。

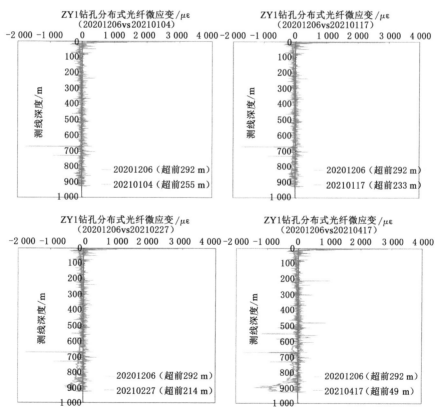

图 2-14　采前超前影响的压缩变形区 I

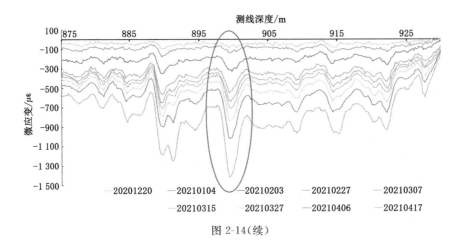

图 2-14（续）

② 从 2021 年 5 月 6 日至 2021 年 5 月 9 日,ZY1 钻孔仍处于超前阶段,超前 205 工作面距离为 12~2 m,于 2021 年 5 月 6 日分布式光纤在 900 m 处超过其最大应变而出现压缩破坏;之后持续到 2021 年 5 月 9 日,分布式光纤断点保持在 900 m 位置。同时,底部 889~895 m 段压缩应变逐渐增大。将此区域视为采前超前影响的压缩变形区 Ⅱ,如图 2-15 所示。

（3）采后覆岩影响区域

从 2021 年 5 月 10 日以后,205 工作面推过 ZY1 钻孔,此时分布式光纤的微应变开始以拉伸应变为主,随着工作面的不断推进,分布式光纤的拉伸应变逐渐增大,并不断往上部覆岩发展。

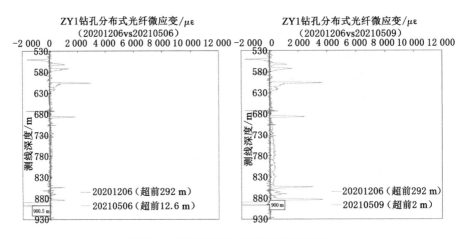

图 2-15　采前超前影响的压缩变形区 Ⅱ

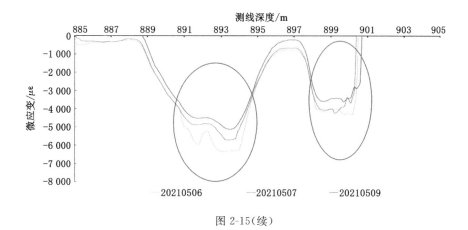

图 2-15(续)

① 2021 年 5 月 10 日至 2021 年 5 月 16 日期间,205 工作面推过 ZY1 钻孔 0.5～15 m。于 2021 年 5 月 10 日在 887.4 m 附近出现断点,之后光纤断点高度基本不变,但同时测线的 850～860 m 和 870～875 m 处出现较大的拉应变增幅。将此区域视为采后覆岩拉伸变形阶段 i,如图 2-16 所示。

② 2021 年 5 月 17 日至 2021 年 5 月 26 日期间,205 工作面推过 ZY1 钻孔 15～45 m。于 2021 年 5 月 17 日在 858.3 m 处出现拉伸破坏,之后光纤断点高度变化很小,此时测线在 837～840 m 范围内出现较大的拉应变增幅。将此区域视为采后覆岩拉伸变形阶段 ii,如图 2-17 所示。

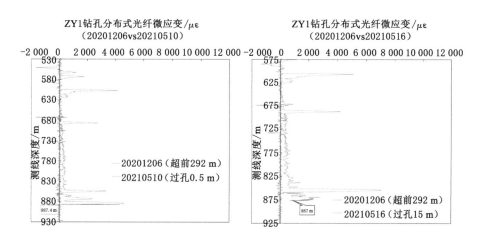

图 2-16 采后覆岩拉伸变形阶段 i

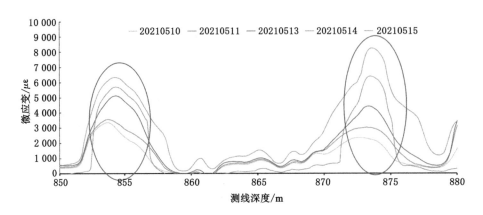

图 2-16(续)

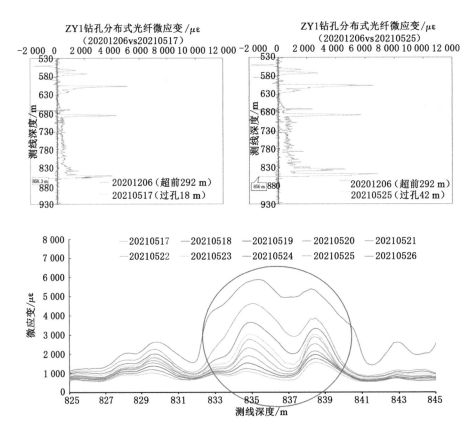

图 2-17　采后覆岩拉伸变形阶段 ii

③ 2021 年 5 月 27 日至 2021 年 6 月 8 日期间,205 工作面推过 ZY1 钻孔 45～81.45 m,于 2021 年 5 月 27 日在 838.7 m 处出现拉伸断点,之后随着工作面推进距离增大,光纤断点高度逐步增大。将此区域视为采后覆岩拉伸变形阶段 ⅲ,如图 2-18 所示。

④ 2021 年 6 月 9 日以后,205 工作面推过 ZY1 钻孔 81.45～110 m,于 2021 年 6 月 9 日在 610 m 处出现拉伸断点,之后随着工作面推进距离增大,光纤断点高度趋于稳定,但变形量还在持续增大。将此区域视为采后覆岩拉伸缓慢变形阶段 ⅳ,如图 2-19 所示。

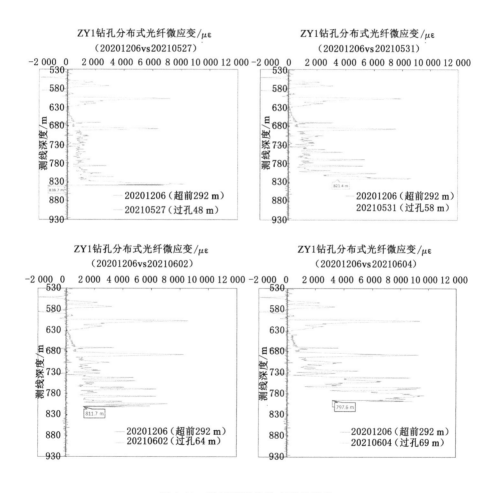

图 2-18　采后覆岩拉伸变形阶段 ⅲ

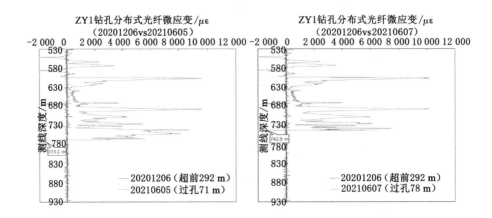

图 2-18(续)

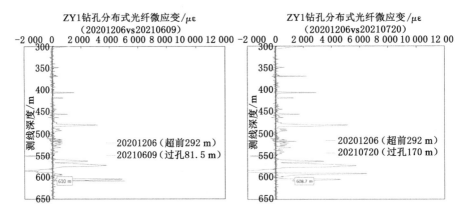

图 2-19　采后覆岩拉伸变形阶段 Ⅳ

从整个钻孔测线中选择几个测点,可以得到各测点随工作面与钻孔的相对距离变化时的应变曲线,如图 2-20 所示,从曲线中可以明显看到,各测点在超前工作面以压缩应变为主,推过钻孔后则转变成拉伸应变。对各测点的应变进行区间积分便可得到相应的位移变化曲线,如图 2-21 所示,可以看出,位移变化趋势与应变趋势一致。

综合分布式光纤监测数据和 ZY1 钻孔内部岩层分布情况,可以得到 ZY1 孔分布式光纤断点与关键层分布对应曲线,如图 2-22 所示,可以发现上覆岩层的移动变形具有明显的分层性,且与覆岩关键层分布具有较好的对应性。

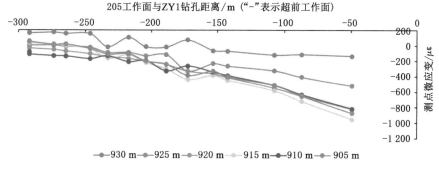

（a）ZY1孔内不同深度测点（采前）应变曲线

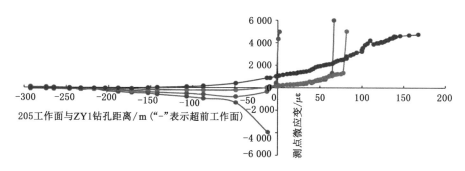

（b）ZY1孔内不同深度测点（采后）应变曲线

图 2-20 ZY1 钻孔内部覆岩各测点应变曲线

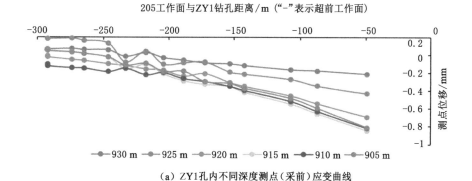

（a）ZY1孔内不同深度测点（采前）应变曲线

图 2-21 ZY1 钻孔内部覆岩各测点位移曲线

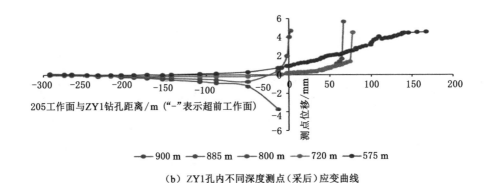

（b）ZY1孔内不同深度测点（采后）应变曲线

图 2-21（续）

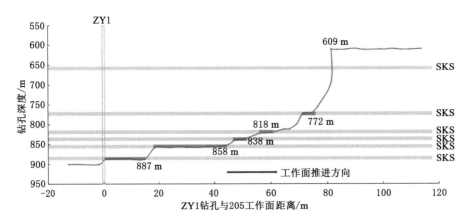

图 2-22　ZY1孔分布式光纤断点与关键层分布对应曲线

　　根据工作面推进距离与光纤断点高度的关联特征，可以得到 205 工作面的垮落带高度为 69 m，205 工作面采后对采空区上覆岩层影响活跃期的推进距离约为 80 m，采动覆岩破裂影响高度约为 350 m；推算得到岩层破断角集中分布在 66°～69°。之后覆岩影响高度增幅逐渐趋缓，但覆岩变形仍在持续增大，尚未达到完全稳定。

2.3.4　GNSS 地表沉陷监测

　　为了能实时连续监测获取地表岩移变化数据，在 ZY1 岩移钻孔孔口附近安装 1 套 GNSS 地表岩移全天候实时监测点，同时加上基准点共安装 2 套地表 GNSS 岩移监测系统，现场安装如图 2-23 所示。采用云平台系统（图 2-24）进行数据远程采集与传输，图 2-25 为现场监测得到的 ZY1 孔口地表沉陷曲线。

图 2-23 GNSS 基站与 ZY1 孔口测点

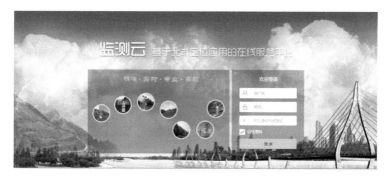

图 2-24 GNSS 数据采集云平台

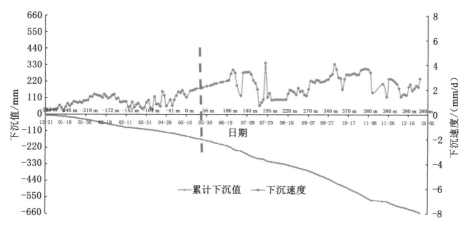

图 2-25 ZY1 孔口地表沉陷曲线

将测点相邻两天的运动变化做差值,得到如图 2-25 中的 ZY1 孔口 GNSS 测点随着工作面推进的下沉速度变化曲线。从图中可以看出,205 工作面于 2021 年 5 月 10 日刚推过 ZY1 钻孔后,下沉速度出现了明显的增大趋势,但最大下沉速度不超过 4 mm/d。从下沉曲线与下沉速度曲线可以发现,上覆岩层还未达到稳定状态。截止到 2021 年 12 月 30 日,ZY1 孔口地表下沉值约为 650 mm,205 工作面采高为 10 m,对应的下沉比例约为 0.065,表明上覆巨厚硬岩层未破断且整体处于弯曲变形状态。而且,从监测的地表下沉数据曲线可以发现,205 工作面的下沉仍然在持续增加,还未达到完全稳定的状态。

2.4 多源数据的协同分析

2.4.1 岩移数据与工作面支架阻力曲线对比分析

将 ZY1 岩移与 205 工作面支架阻力对比可以得到相应的曲线,如图 2-26 所示。

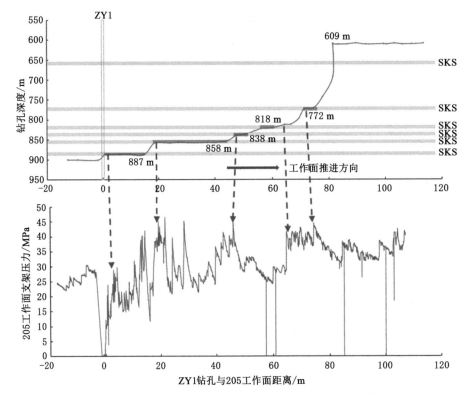

图 2-26 ZY1 分布式光纤应变与 205 工作面支架阻力对比曲线

上覆岩层的移动变形特征与覆岩关键层结构具有较好的对应性,即覆岩运动具有显著分层性。

根据工作面推进距离与光纤断点高度关联特征,可以得到 205 工作面的垮落带高度为 69 m,采动覆岩破裂影响高度约为 350 m;推算得到岩层破断角集中分布在 66°～69°。高位关键层的运动对工作面支架压力产生的影响并不显著。

2.4.2 岩移数据与工作面微震事件对比分析

将 205 工作面 2021 年 5 月的微震事件与分布式光纤的断点变化特征进行对比,得到曲线如图 2-27 所示,可以发现光纤断点高度低于 138 m,同期产生微震事件的覆岩高度也基本低于该关键层层位。

将 205 工作面 2021 年 6 月的微震事件与分布式光纤的断点变化特征进行对比,得到曲线如图 2-28 所示,可以发现光纤断点最大高度介于 295 m 与 367 m 的关键层之间,即 347 m,同期产生微震事件的覆岩高度集中于高度为 295 m 的关键层层位以下。这再次验证了巨厚洛河组岩层没有充分破断,与前述分析结论一致。

将 205 工作面的微震事件能量与分布式光纤的断点变化特征进行对比,得到曲线如图 2-29 所示,可以发现当光纤断点出现较大的跃升台阶时,微震事件能量也会出现相应的跃升。从对比曲线中可以发现,低位关键层运动产生的微震能量与频次影响要大于高位关键层运动。

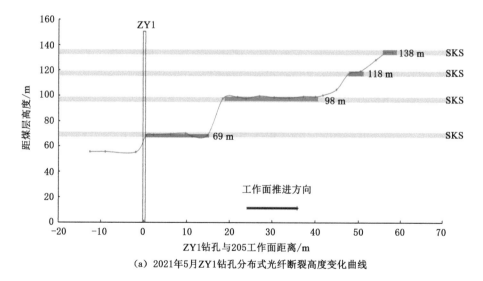

(a) 2021年5月ZY1钻孔分布式光纤断裂高度变化曲线

图 2-27　2021 年 5 月 205 工作面微震事件与分布式光纤断点对比图

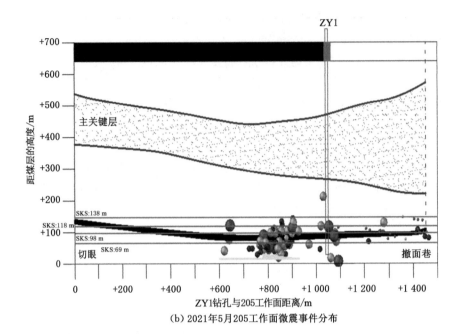

（b）2021年5月205工作面微震事件分布

图 2-27（续）

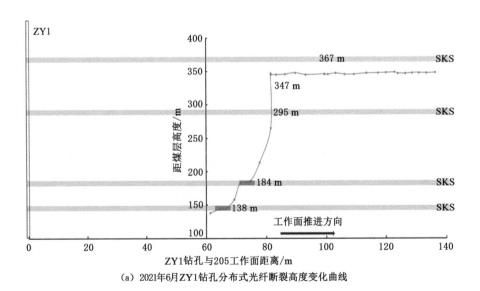

（a）2021年6月ZY1钻孔分布式光纤断裂高度变化曲线

图 2-28　2021 年 6 月 205 工作面微震事件与分布式光纤断点对比图

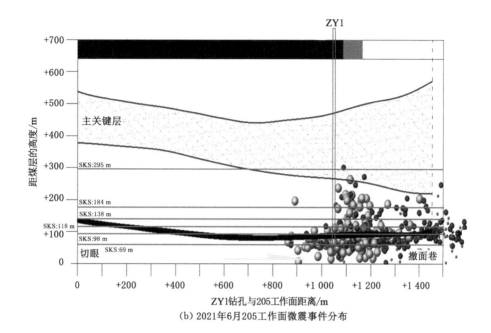

(b) 2021年6月205工作面微震事件分布

图 2-28(续)

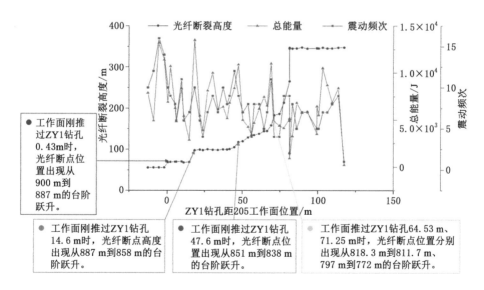

图 2-29 205工作面微震事件能量与 ZY1 钻孔分布式光纤断点变化对比图

2.5　本章小结

首次实现了单一千米深孔的位移、应变和地表沉陷等多源传感数据协同采集,为掌握大埋深、厚煤层与巨厚含水层等复杂地质条件下的采场覆岩运动规律提供了可靠的实测手段。

根据 205 工作面推进距离与 ZY1 钻孔内部分布式光纤断点高度关系,可计算得到垮落带高度为 69 m、破断角范围为 $66°\sim69°$。205 工作面采后对其采空区上覆岩层影响活跃期所对应的推进距离约为 80 m,此开采期间所产生的覆岩破裂影响高度约为 350 m,据分布式光纤实测数据得到,205 工作面推过 ZY1 钻孔 80 m 后其覆岩破裂影响高度基本维持不变,但岩层内部应变还在持续变化。

将 205 工作面的微震事件与分布式光纤的断点变化特征进行对比,可以发现当光纤断点出现较大的跃升台阶时,微震事件能量也会出现相应的跃升。从对比曲线中可以发现,低位关键层运动产生的微震能量与频次影响要大于高位关键层运动。

建立了基于覆岩内部运动、井下微震与工作面矿压等多源原位感知信息的覆岩运动特征协同分析方法;原位验证了关键层控制覆岩台阶式分组运动的规律;发现了关键层运动变形与工作面支架阻力、微震事件能量变化的同步特征,为深部高冲击风险工作面灾害治理提供了新的指导思路。

3　冲击地压矿井全柱状覆岩运动的模拟分析

3.1　主关键层变形特征的数值模拟研究

　　基于高家堡煤矿二盘区地质资料,运用 GDEM 软件建立数值模型。GDEM以基于连续介质力学的离散元方法(CDEM)为基础,实现了从连续变形到破裂运动的全过程模拟。GDEM 软件将有限元与离散元进行耦合,在块体内部进行有限元计算,在块体边界进行离散元计算,不仅可以模拟材料在连续状态下及非连续状态下的变形和运动特性,而且可以再现材料由连续体到非连续体的渐进破坏过程。

3.1.1　模型建立及参数标定

　　如图 3-1 所示,主关键层为埋深 800 m 的中砂岩,岩层厚度为 101.25 m,该岩层上部为厚度 199.10 m 的粗砂岩及 123.15 m 的粉砂岩。为了简化研究问题,将这 3 层岩层合并为 1 层岩层,同时将模型中的软岩简化为具有相同岩石力学参数的岩层。

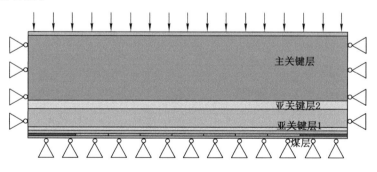

图 3-1　模型示意图

　　如图 3-1 所示为 2 000 m×650 m 的二维数值计算模型。由于现场实际的煤层采高变化较大,因此本次模拟煤层厚度分别设计为 15 m、12 m、9 m 和6 m,以期定性研究不同采出高度时主关键层的变形特征;主关键层累计总厚度为 400 m；在工作面开采过程中每次开挖 200 m，开挖总长度为 1 000 m。

模型顶部边界采用应力边界条件控制，上部载荷按埋深 500 m 进行计算，施加垂直应力 12 MPa；侧边界及底部边界采用位移边界条件控制，分别施加水平和垂直约束。

在此次数值模拟计算中，将所有单元的计算模型设定为莫尔-库仑(Mohr-Coulomb)理想弹塑性模型。本次计算对象是采矿后无支撑裸露采空区，计算模型并没有考虑地质构造应力的影响，模型原始岩石应力是一个静态应力场。表 3-1 为中煤岩层物理力学参数。

表 3-1　煤岩层物理力学参数

岩层	密度 /(kg/m^3)	弹性模量 /GPa	泊松比	黏聚力 /MPa	抗拉强度 /MPa	内摩擦角 /(°)	剪胀角 /(°)
主关键层	2 294	6.31	0.27	23.87	14.77	45	5
关键层 2	2 303	8.71	0.23	23.19	14.33	45	5
关键层 1	2 326	7.59	0.21	23.26	14.03	45	5
简化岩层	2 397	6.30	0.25	23.09	6.34	33	5
煤层	1 274	1.99	0.28	19.25	1.17	25	5

3.1.2　主关键层运动模拟结果

随着工作面的回采，采场周围岩体会产生断裂破坏，在 GDEM 软件中这部分破坏岩体将采用离散元进行计算。为节约篇幅，分别取开挖 1 个工作面、3 个工作面及 5 个工作面时主关键层裂隙状态进行分析。

如图 3-2 所示，在工作面开采初期，工作面上方亚关键层及软弱岩层产生破坏，产生的裂隙完全贯穿亚关键层及软弱岩层，亚关键层 1 及亚关键层 2 出现直接垮落现象；在主关键层下部区域出现一定高度的微裂隙，但主关键层上部区域未出现明显裂隙；亚关键层及软弱岩层中部出现裂隙且发育高度较大，呈现弯拉破坏；不同岩层之间产生水平裂隙，出现离层现象，在采空区两侧，亚关键层与软弱岩层层间也出现明显的水平裂隙。

如图 3-3 所示，随着工作面继续开采，主关键层下部裂隙的高度继续增大，主关键层及煤层层间岩体裂隙数量增多，破碎程度更高；裂隙发育高度随着开挖高度的增大而增大，当开挖高度为 15 m 时，主关键层下部区域裂隙高度明显大于 6 m 条件下的裂隙高度；随着开挖的进行，新开挖工作面上部裂隙的高度较小，原有工作面上部岩层裂隙高度大于新开挖工作面开挖高度；同时，随着开挖区域的增大，在主关键层的上部也出现裂隙，且裂隙集中分布在首采面实体煤一侧上方。

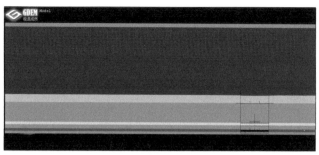

(a) 煤层厚度15 m

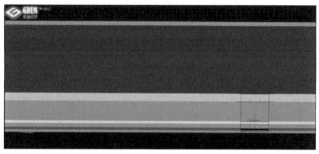

(b) 煤层厚度12 m

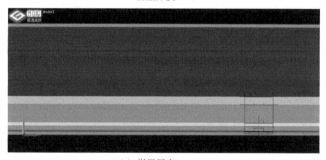

(c) 煤层厚度9 m

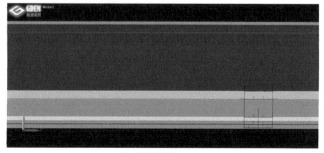

(d) 煤层厚度6 m

图 3-2 开采 1 个工作面时主关键层运动特征

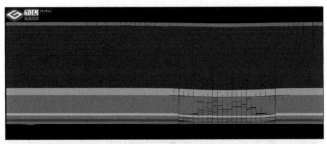

(a) 煤层厚度15 m

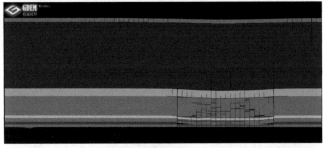

(b) 煤层厚度12 m

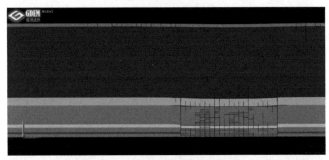

(c) 煤层厚度9 m

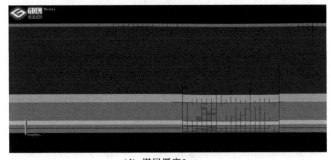

(d) 煤层厚度6 m

图 3-3　开采 3 个工作面时主关键层运动特征

如图 3-4 所示,随着开挖的进一步进行,不同开挖高度条件下裂隙发育规律出现较大差异。当开挖高度为 6 m 时,在新开挖工作面上部未出现新的裂隙,同时原有裂隙高度未出现明显增长。这一结果表明,当开挖高度为 6 m 时,开采至一定距离,主关键层未发生贯通型破断,仅以弯曲下沉为主。当开挖高度为 15 m 时,在新开挖工作面上部出现新的裂隙,同时原有裂隙高度进一步增长,主关键层裂隙长度增加,但仍未完全贯通。

当采高增大时,开采初期岩层破坏情况与小采高时相似;但随着工作面的推进,主关键层下部裂隙数量和裂隙发育高度有较大的增长,同时在新开采工作面上方主关键层上部出现裂隙且持续发育。根据模拟研究,在开采初期时主要在关键层悬露区域两侧出现裂隙,随着开挖步距的增大,在主关键层中部区域出现一定的弯拉破坏。这印证了前文对于主关键层的受力分析,在开采初期主关键层受拉应力较小,但两侧出现较为明显的拉应力;随着开挖步距的增大,受拉应力的影响逐渐增大。

3.1.3　主关键层位移变形特征

由图 3-5(a)可知,在煤层厚度为 15 m 的条件下,随着工作面开挖的进行,主关键层顶板出现弯曲下沉,在开挖 1 个工作面时,主关键层下部下沉量明显大于主关键层上部,此时由于裂隙发育高度较小,主关键层下部区域变形量仍然是连续的;随着开挖的继续进行,如图 3-5(b)所示,主关键层下沉量继续增大,主关键层下部区域变形量显著大于上部区域,同时受裂隙进一步发育的影响,主关键层下部区域变形量出现不连续的现象;随着第 5 个工作面开挖结束,如图 3-5(c)所示,主关键层下沉量进一步增长,主关键层上部及下部变形量均出现不连续的现象。

由图 3-6(a)可知,在煤层厚度为 6 m 的条件下,随着工作面开挖的进行,主关键层顶板出现弯曲下沉,在开挖 1 个工作面时,主关键层下部下沉量明显大于主关键层上部,此时由于裂隙发育高度较小,主关键层下部区域变形量仍然是连续的;随着开挖的继续进行,如图 3-6(b)所示,主关键层下沉量继续增大,主关键层下部区域变形量显著大于上部区域,由于采空区中部裂隙发育高度较小,而两侧发育高度较大,仅在采空区边界上方出现变形量不连续的现象;随着第 5 个工作面开挖结束,如图 3-6(c)所示,主关键层下沉量进一步增长,由于新开挖工作面上部未生成明显裂隙,因此新开挖工作面上部主关键层位移量是连续的,这表明此时主关键层变形以缓慢下沉为主。

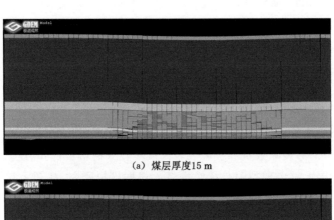

（a）煤层厚度15 m

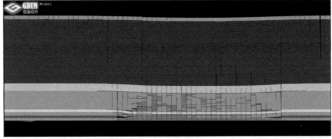

（b）煤层厚度12 m

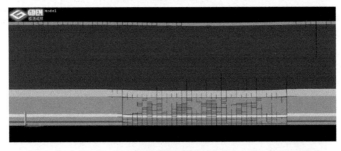

（c）煤层厚度9 m

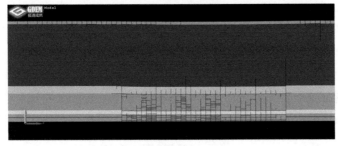

（d）煤层厚度6 m

图 3-4　开采 5 个工作面时主关键层运动特征

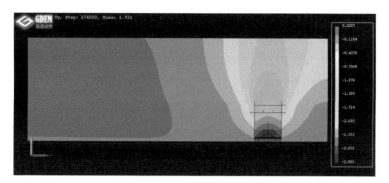

（a）开挖 1 个工作面

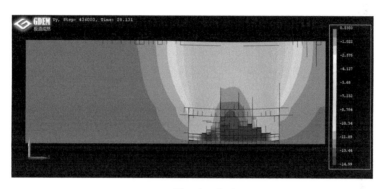

（b）开挖 3 个工作面

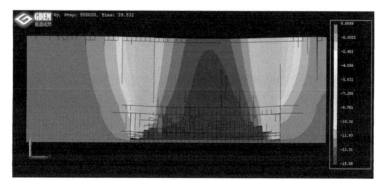

（c）开挖 5 个工作面

图 3-5 煤层厚度 15 m 时主关键层位移云图

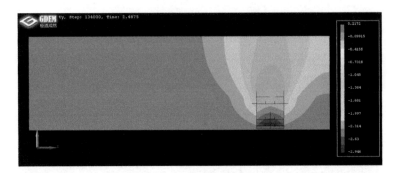

(a) 开挖 1 个工作面

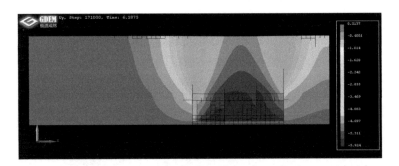

(b) 开挖 3 个工作面

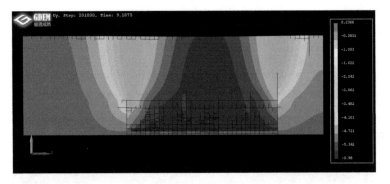

(c) 开挖 5 个工作面

图 3-6　煤层厚度 6 m 时主关键层位移云图

3.2 一、二盘区开采对大巷区域支承应力分布影响分析

3.2.1 模拟方案

根据高家堡煤矿主关键层厚度大、起伏较大的特点,建立非均匀厚度条件下的主关键层模型。如图 3-7 所示,建立 3 000 m×340 m 的二维数值计算模型。由于现场实际采高变化较大,因此本次模拟选择煤层厚度分别为 15 m、12 m、9 m、6 m,主关键层累计最大厚度分别为 100 m、150 m、200 m;在工作面开采过程中每次开挖 1 个工作面(盘区),开挖总长度为 1 854 m,开挖顺序为:一盘区→ 201 工作面 → 202 工作面 → 203 工作面 → 204 工作面 → 205 工作面。

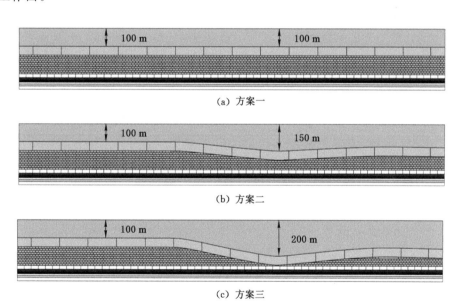

(a) 方案一

(b) 方案二

(c) 方案三

图 3-7 数值计算模型

本模型顶部边界采用应力边界条件控制,施加垂直应力 16.8 MPa;侧边界及底部边界采用位移边界条件控制,分别施加水平和垂直约束。在此次数值模拟计算中,将所有单元的计算模型设定为莫尔-库仑(Mohr-Coulomb)理想弹塑性模型。本次计算对象是采矿后无支撑裸露采空区,计算模型不考虑地质构造应力的影响,模型原始应力场是一个静态应力场。模拟方案见表 3-2。

表 3-2　试验方案

试验方案	模拟方案	最大主关键层厚度/m	最小主关键层厚度/m
方案一	图 3-7(a)所示均匀厚度模型	100	100
方案二	图 3-7(b)所示非均匀厚度模型	150	100
方案三	图 3-7(c)所示非均匀厚度模型	200	100

3.2.2　一、二盘区采动影响下的围岩应力变化规律

为研究不同条件下采场围岩应力的分布差异,在煤层底板设置应力测线监测煤层及其上覆岩层的应力分布情况。

如图 3-8 所示,在工作面开采完毕后,上方岩层应力大致呈拱形分布,开采后的工作面上方应力比初始状态时有所降低,而两侧实体煤部分岩层应力有明显的升高。以拱形为边界,拱形外侧为应力集中区域,并且一、二盘区间保护煤柱上方岩层应力集中现象明显大于左侧,呈现出类似三角形的区域,远离工作面的岩层垂直应力变化较小。为探究工作面及煤柱间应力,在工作面底板位置设置应力测线,应力监测结果如图 3-9 所示。

如图 3-9 所示,随着工作面的不断开采,两侧实体煤部分所承受的应力不断增加。在开采完一盘区后,一、二盘区间煤柱的应力分布范围为[24.94 MPa, 51.15 MPa],应力集中系数为[1.00,2.05];二盘区应力分布范围为[24.94 MPa, 25.09 MPa],应力集中系数为[1.00,1.06]。可以看出,只开采 1 个盘区时,应力集中现象出现在靠近一盘区的煤柱附近,对二盘区的开采影响较小。二盘区开采初期,应力变化范围较小,开采完 202 面后,应力峰值仍存在于区间煤柱中,当开采完第 3 个工作面后,煤柱应力区间为[39.40 MPa,54.64 MPa],应力集中系数为[1.57,2.19],应力峰值在二盘区未采实体煤上方。开采完第 5 个工作面后,煤柱应力区间为[31.82 MPa,70.37 MPa],应力集中系数为[1.27,2.82],应力峰值在煤柱中,应力集中现象较为显著。当主关键层厚度逐渐增大时,一盘区左侧、区间煤柱、二盘区右侧的应力峰值未发生明显变化,但区间煤柱的应力分布特征出现了不同之处,关键层厚度较小时,煤柱间应力呈现出 U 形分布,当主关键层厚度增加至 200 m 时,煤柱间应力呈现出梯形分布。

图 3-10 为采高 9 m 时不同主关键层厚度各模型应力云图。从图中可以看出,采空区上方应力呈现出拱形分布,以此拱形为边界,拱形内部即工作面上方应力比初始应力有所降低,拱形外侧即实体煤部分应力有所上升,工作面边缘应力集中现象较为显著且呈现出倒三角形分布。关键层厚度为 100 m 时,二盘区左侧部分应力高于煤柱部分,随着主关键层厚度的增加,应力峰值逐渐向区间煤

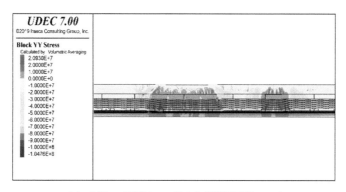

（a）方案一（采高6 m，最大主关键层厚度100 m）

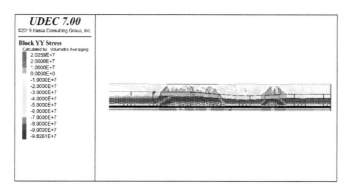

（b）方案二（采高6 m，最大主关键层厚度150 m）

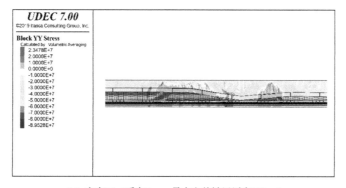

（c）方案三（采高6 m，最大主关键层厚度200 m）

图 3-8　采高 6 m 时一、二盘区开采后的覆岩应力分布云图

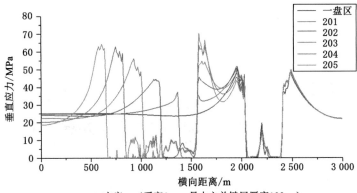

（a）方案一（采高6 m，最大主关键层厚度100 m）

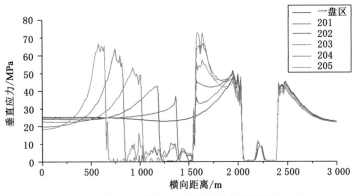

（b）方案二（采高6 m，最大主关键层厚度150 m）

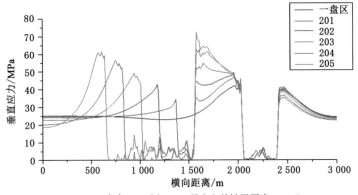

（c）方案三（采高6 m，最大主关键层厚度150 m）

图 3-9　采高 6 m 时一、二盘区开采后的煤层支承应力分布曲线

柱部分转移,并且区间煤柱所受压力的倒三角形连在一起,主关键层厚度为200 m时变为了U形。为了定性研究9 m采高时的应力演化情况,在煤层底板设置测线以监测工作面及煤柱区域应力变化。监测结果如图3-11所示。

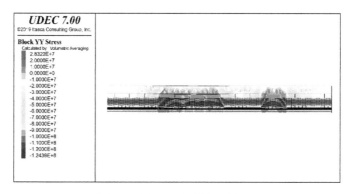

(a) 方案一(采高9 m,主关键层厚度100 m)

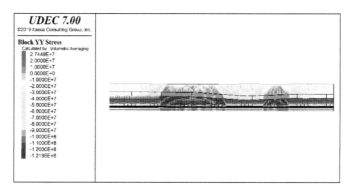

(b) 方案二(采高9 m,主关键层厚度150 m)

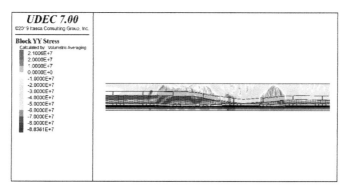

(c) 方案三(采高9 m,主关键层厚度200 m)

图3-10 采高9 m时一、二盘区开采后的覆岩应力分布云图

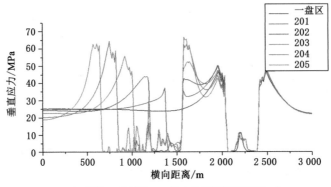

（a）方案一（采高9 m，最大主关键层厚度100 m）

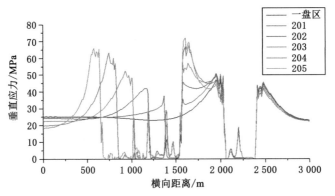

（b）方案二（采高9 m，最大主关键层厚度150 m）

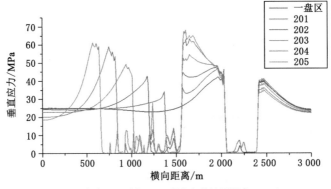

（c）方案三（采高9 m，最大主关键层厚度200 m）

图 3-11　采高 9 m 时一、二盘区开采后的煤层支承应力分布曲线

如图 3-11 所示,初始应力为 24.95 MPa,一盘区开采完毕后,一盘区右侧应力分布范围为[24.95 MPa,47.23 MPa],应力集中系数为[1.00,1.89];盘区煤柱区域应力区间为[25.06 MPa,47.11 MPa],应力集中系数为[1.01,1.88];二盘区应力分布范围为[24.95 MPa,25.2 MPa],应力集中系数为[1.00,1.02]。可以看出,由于区间煤柱的存在,一盘区开采之后应力集中现象集中在区间煤柱和右侧煤柱部分,对二盘区的影响较小。从图中可以观察到,在 203 面开采前应力峰值仍存在于区间煤柱部分,工作面左侧应力略小于右侧,201、202 面的开采对后续采煤活动的影响较小。当 203 面开采完毕后,一、二盘区煤柱应力区间为[39.30 MPa,53.70 MPa],应力集中系数为[1.57,2.15],相较于开采完一盘区时有了明显的增长,203 面左侧应力区间为[24.95 MPa,55.43 MPa],应力集中系数为[1.00,2.22],且峰值应力存在于未开采的 204 面,对之后的开采会造成一定的影响。开采完 205 面后,盘区煤柱应力区间为[32.79 MPa,61.98 MPa],应力集中系数为[1.31,2.48],应力峰值是开采完一盘区的 1.3 倍,是初始地应力的 2.48 倍,但略小于采高为 6 m 时的煤柱应力峰值。随着主关键层厚度的增加,一盘区应力分布未发生明显变化,区间煤柱应力峰值有所上升,且分布规律由马鞍形转变为梯形。

如图 3-12 所示,采高 12 m 时工作面开采完毕后同样形成了应力拱。工作面上方岩层处于应力降低状态,工作面周围煤体上方处于应力升高状态。在一盘区右侧及二盘区左侧形成了三角形分布的应力区域,靠近工作面的部分应力值高于远离工作面的部分。随着主关键层厚度的增加,煤柱中心区域应力值不断上升,最终与煤柱两侧应力值基本保持一致,并且一盘区的开采对其上方岩层应力的影响逐渐变小。由此可以看出,主关键层厚度的改变会影响岩层应力分布。在煤层底板处布置测线,对采空区及煤柱应力进行监测,监测结果如图 3-13 所示。

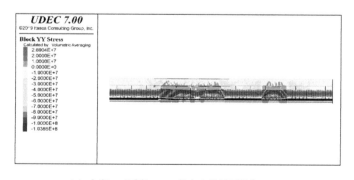

(a) 方案一(采高 12 m,最大主关键层厚度 100 m)

图 3-12　采高 12 m 时一、二盘区开采后的覆岩应力分布云图

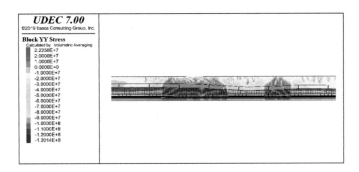

(b) 方案二（采高12 m，最大主关键层厚度150 m）

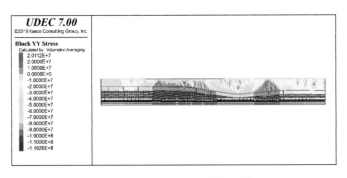

(c) 方案三（采高12 m，最大主关键层厚度200 m）

图 3-12（续）

如图 3-13 所示，在主关键层厚度为 100 m 时，开采完一盘区后，一盘区右侧应力分布区间为[24.86 MPa，47.05 MPa]，应力集中系数为[1.00，1.89]；盘区煤柱应力分布区间为[25.01 MPa，47.21 MPa]，应力集中系数为[1.00，1.91]；二盘区应力分布区间为[24.86 MPa，25.20 MPa]。可以看出，一盘区开采的影响范围较小，开采后应力主要向两侧的煤柱区域转移，对二盘区的影响较小。二盘区开采初期对应力分布的影响较小，在开采完 202 面后，煤柱区域应力分布区间为[37.80 MPa，50.01 MPa]，应力集中系数为[1.52，2.01]，相较于一盘区的开采变化不明显。在开采完 203 面后，煤柱区域应力分布区间为[35.50 MPa，52.45 MPa]，203 面左侧应力分布区间为[24.86 MPa，55.82 MPa]。可以看出，203 面开采后应力峰值转移至二盘区未开采区域，对下一步的开采可能造成影响。205 面开采后，煤柱区域应力分布区间为[31.89 MPa，65.75 MPa]，应力集中系数为[1.28，2.67]，煤柱区域应力峰值增长了 18.54 MPa，且超过了 6 m、

9 m 采高时煤柱区域应力峰值。随着主关键层厚度的增长,煤柱区域应力峰值也在不断增加,而一盘区右侧与二盘区左侧应力变化不明显。煤柱区域应力分布状态由马鞍形转变为梯形。

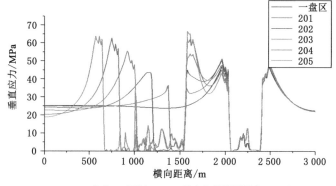

(a) 方案一(采高12 m,最大主关键层厚度100 m)

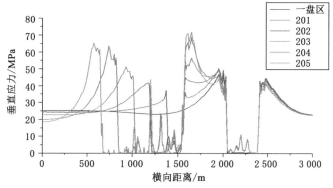

(b) 方案二(采高12 m,最大主关键层厚度150 m)

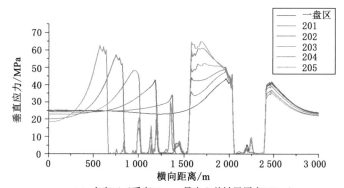

(c) 方案三(采高12 m,最大主关键层厚度200 m)

图 3-13　采高 12 m 时一、二盘区开采后的煤层支承应力分布曲线

由图 3-14 可知:在采动过程中,随着开采区域面积的逐渐增大,采空区两侧煤体及一盘区大巷煤柱区域应力逐渐升高。在一盘区开采结束后,仅在一盘区采空区边缘出现较大程度的应力变化,一盘区大巷煤柱及二盘区煤体受到的影响较小;随着二盘区开采的进行,二盘区采空区边缘同样出现较大程度的应力变化,受此影响,煤柱中部区域支承应力出现不同程度的增长;当二盘区开采结束后,在二盘区采空区边缘煤柱应力达到最大,均在 70 MPa 以上;当采用方案三时,在二盘区开采结束后大巷煤柱中部区域应力变化最大,而方案二及方案一该区域应力变化相对较小。

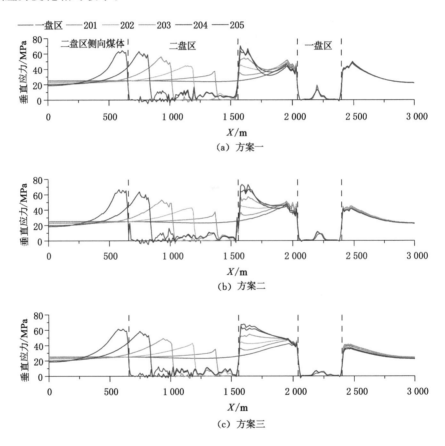

图 3-14　采高 15 m 时一、二盘区开采后的煤层支承应力分布曲线

随着主关键层厚度分布的改变,在一、二盘区之间煤柱的垂直应力出现明显改变,而煤层开采高度的改变对垂直应力的影响较弱。

3.2.3 一盘区大巷煤柱支承压力分布特征

由上述研究可以发现,在二盘区采动影响下,一盘区大巷煤柱区域应力出现较大改变。为对比主关键层厚度改变对该区域应力的影响,以 205 工作面开采后的煤层支承应力分布结果进行分析,以确定不同开采方案对采场围岩应力分布的影响。

由图 3-15 所示结果可以发现,随着主关键层厚度分布的改变,在一、二盘区之间煤柱的垂直应力出现明显改变,主要表现为煤柱中部区域支承应力随着主关键层厚度的变化而变化。

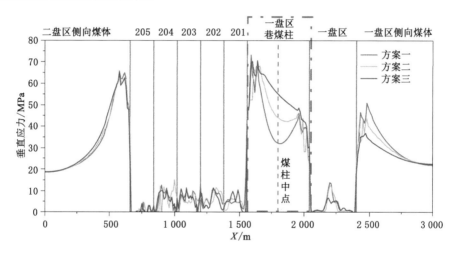

图 3-15　205 工作面开采后的煤层支承应力分布曲线

采用方案一时,在主关键层厚度均匀的情况下,大煤柱内的应力分布呈现明显的 U 形分布,此时中部区域应力值远小于煤柱两侧边缘应力值,出现明显的应力降低现象。

采用方案二时,在主关键层最大厚度 150 m 的情况下,煤柱中部区域出现一定程度的应力升高,大煤柱内的应力分布仍呈现 U 形分布,但是中部区域应力与两侧边缘的应力差值减小,与一盘区采空区边缘应力值较为接近。

采用方案三时,在主关键层最大厚度 200 m 的情况下,煤柱中部区域应力改变最为明显,应力分布由 U 形分布转变为梯形分布,中部区域应力值大于一盘区边缘应力值。

根据高家堡煤矿井下布置状况及冲击地压历史事件,在一盘区大巷大煤柱中部区域大巷存在多次冲击地压事件。同时结合前文研究可以发现,不同方案下大煤柱中部区域应力分布出现较大改变,主关键层厚度变化对一盘区大巷煤柱的静载荷影响较大。为进一步揭示主关键层变化情况对大煤柱中部区域应力的影响,以大煤柱中部区域 100 m 范围平均支承应力为研究对象进行分析,结果如图 3-16 所示。

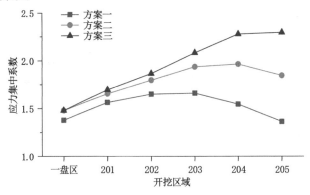

图 3-16 一盘区大巷煤柱中部区域应力集中系数变化

采用方案一时,关键层厚度均匀,随着开采区域面积增大,煤柱中部区域应力先增大后减小。在开采一盘区到 203 工作面过程中,该区域平均应力由 33.07 MPa 增长至 39.83 MPa;随着开采的进一步进行,该区域平均应力逐渐降低至 32.69 MPa。

采用方案二时,随着开采区域面积增大,煤柱应力同样出现先增大后减小的现象。在开采一盘区到 204 工作面过程中,该区域平均应力由 35.51 MPa 增长至 47.10 MPa;随着开采的进一步进行,该区域平均应力降低至 44.28 MPa。

采用方案三时,随着开采区域面积增大,煤柱应力逐渐增长。整个开采过程中支承应力由 35.52 MPa 增长至 55.06 MPa。二盘区 204 工作面采前,一盘区大巷煤柱应力始终处于缓慢增长阶段,205 面回采时一盘区大巷煤柱支承应力趋于稳定,但仍处于高应力状态。与方案一相比,方案三在一盘区大巷煤柱中部应力额外增加 23.50 MPa,相当于又增加了约 1 000 m 埋深的静载荷。

3.3 二、三盘区开采对煤层及采空区应力的分布影响研究

为了对后续工作面回采后的采动应力分布特征进行研究,利用数值模拟的方法分析 205 工作面、301 工作面回采后的应力分布情况。

3.3.1 模拟方案

结合二、三盘岩层柱状特点,并根据矿方所提供的地表沉陷实测数据进行参数反演建模,建立了 3 000 m×390 m 的二维数值计算模型,如图 3-17 所示。本次模拟煤层厚度为 14 m,主关键层累计总厚度为 150 m;在工作面开采过程中每次开挖一个工作面,按照现场实际工作面开采顺序,模拟的工作面开挖顺序为:201 工作面 → 202 工作面 → 203 工作面 → 204 工作面 → 205 工作面→302 工作面→301 工作面,模拟开挖总长度为 1 260 m。

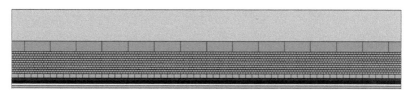

（a）数值模拟整体效果

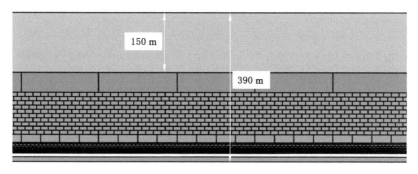

（b）关键层厚度及模型高度

图 3-17　二、三盘区数值模型

模型顶部边界采用应力边界条件控制,主关键层以上岩层施加垂直应力15.6 MPa,侧边界及底部边界采用位移边界条件控制,分别施加水平和垂直约束。在此次数值模拟计算中,将所有单元的计算模型设定为莫尔-库仑(Mohr-Coulomb)理想弹塑性模型。

3.3.2 二、三盘区采动应力分布特征

为研究不同条件下采场围岩应力的分布差异,在煤层底板设置应力测线监测采场围岩应力分布情况。在每次开挖结束后读取底板岩体垂直应力分布曲线,其结果如图 3-18 所示。

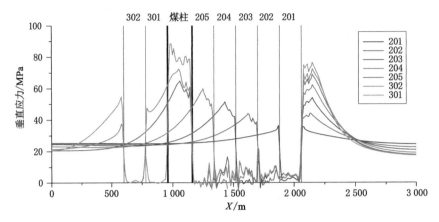

图 3-18　二、三盘区不同工作面开采后煤层支承应力分布曲线

在开采初期(开采 201 工作面～204 工作面),二、三盘区隔离煤柱支承应力受扰动较小,204 工作面开采结束后最大应力集中系数为 1.90,平均应力集中系数为 1.60。

205 工作面开采结束后,二、三盘区隔离煤柱最大应力为 64.74 MPa(集中系数为 2.70),平均应力为 57.94 MPa(集中系数为 2.40)。此时二盘区应力对 302 工作面的影响较小,302 工作面区域应力分布区间为[24.10 MPa,32.40 MPa],应力集中系数为[1.00,1.35];二盘区应力对 301 工作面的影响较小,301 工作面区域应力分布区间为[32.40 MPa,50.77 MPa],应力集中系数为[1.35,2.11]。

302 工作面开采结束后,301 工作面及煤柱区域应力出现显著增长,整个未采区域的应力呈现梯形分布。301 工作面区域应力分布区间为[45.20 MPa,62.25 MPa],应力集中系数为[1.80,2.59];煤柱区域应力分布区间为[43.20 MPa,72.30 MPa],应力集中系数为[1.80,3.01]。

301 工作面开采后,煤柱区域应力进一步增大,应力分布区间为[55.50 MPa,88.47 MPa],应力集中系数为[2.31,3.69]。煤柱整体平均应力为 78.00 MPa,应力集中系数为 3.26。

为了说明这一趋势,图 3-19 分别统计煤柱区域、302 工作面、301 工作面平均支承应力和最大支承应力。

图 3-19 结果清晰表明,在开采完 205 工作面后,302 工作面受扰动较小,应力值较低;301 工作面及隔离煤柱受扰动较大,出现较高程度的应力集中现象。

在开采完 302 工作面后,301 工作面及隔离煤柱应力值进一步升高。最大值达到原岩应力的 3 倍以上,特别是煤柱区域平均值也达到了原岩应力的 3 倍以上。

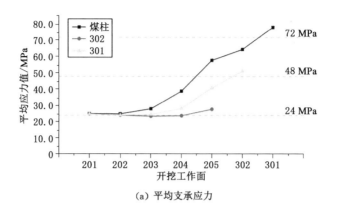

(a) 平均支承应力

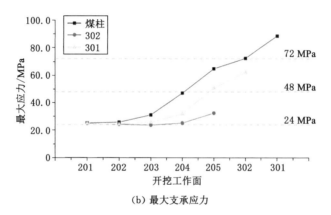

(b) 最大支承应力

图 3-19 二、三盘区隔离煤柱及三盘区工作面平均支承应力和最大支承应力

3.3.3 二、三盘区采空区应力分布特征

煤层回采后,采空区原有应力平衡被打破,在采空区围岩出现应力重分布。为研究巨厚关键层围岩应力对采空区应力分布的影响,在每次开采结束后导出采空区底板应力曲线,结果如图 3-20 所示。

由图 3-20 可知,随着采场覆岩的垮落,采空区应力出现一定程度的升高。在 201 工作面开采后采空区围岩应力在 2 MPa 附近波动;随着工作面继续推进,整个采空区应力出现较为微弱的升高,在 205 工作面开采结束后,二盘区采空区围岩应力在 4 MPa 附近波动。在三盘区开采时,采空区围岩应力值相对较小,在 301 工作面及 302 工作面开采后,该区域采空区垂直应力在 1.5 MPa 左右波动。

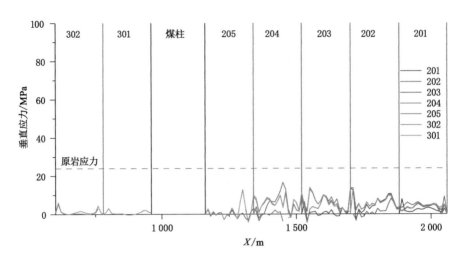

图 3-20 二、三盘区开采后的采空区围岩应力分布曲线

为进一步研究不同工作面开采后的采空区应力分布状况,分别计算每次开采平衡后采空区的平均应力及最大值,结果如图 3-21 所示。

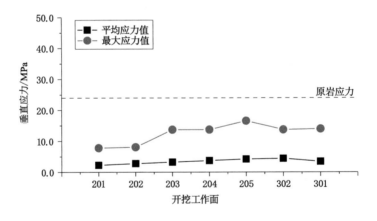

图 3-21 二三盘区采空区应力均值及最大值

如图 3-21 所示,在 201 开采后,采空区应力均值及最大值未出现较为明显的变化,远小于原岩应力。

201 工作面开采后,采空区垂直应力均值为 2.26 MPa,接近上部亚关键层及软岩自重应力,最大值为 7.89 MPa;随着工作面继续推进,采空区应力呈现缓慢增长的趋势,在 203 工作面开采后,采空区垂直应力均值为 3.24 MPa,最大值为 13.68 MPa;在 205 工作面开采结束后,采空区垂直应力均值为 4.20 MPa,最大值为 16.53 MPa。采空区应力约为 168 m 岩层容重,远小于原岩应力。

在三盘区开采过程中,二盘区及三盘区采空区未出现明显增长。在 301 工作面开采后,采空区垂直应力均值为 4.4 MPa,最大值为 13.68 MPa;在 302 工作面开采后,采空区垂直应力均值为 3.45 MPa,最大值为 13.96 MPa。

这一结果表明,在二盘区及 301、302 工作面开采过程中,采空区应力主要来自亚关键层及部分软岩,而主关键层未出现明显的破断和变形,主关键层上部岩层的重量由主关键层承担,未能传递至采空区。

3.4 一、二、三盘区覆岩关键层运动三维数值模拟研究

3.4.1 三维数值模拟方案

基于高家堡煤矿一盘区、二盘区及三盘区地质资料,运用 3DEC 离散元软件建立数值模型。3DEC 软件采用离散元方法,将岩体处理为块体,各块体可以产生位移、扭转等运动,能有效地模拟采场围岩断裂、分离和变形破坏等现象。基于关键层理论,关键层控制着整体覆岩的变形和破断,因此为了简化研究问题,将模型中的软岩简化为具有相同岩石力学参数的岩层。图 3-22 所示为离散元模型平面图。

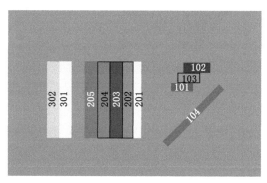

图 3-22 离散元模型平面图

建立如图 3-23(a)所示的 4 100 m×2 600 m×500 m 数值计算模型,模拟高家堡煤矿一盘区、二盘区及三盘区推采过程中工作面前方煤柱和实体煤应力变化规律。开采过程中每次开挖一个工作面,按照一盘区、二盘区、302 工作面、301 工作面顺序进行开挖,每次开采后计算至平衡。同时弱化上覆关键层结构,得到弱化模型[图 3-23(b)],以进行对比模拟分析。

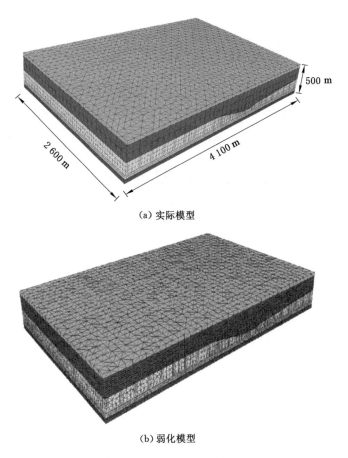

（a）实际模型

（b）弱化模型

图 3-23　离散元模型立体图

　　由于本次研究的目的是获得高家堡工作面推采过程中采场围岩应力的演化规律和覆岩破断规律,因此,模型中煤层底板的厚度略小;同时,为了消除边界效应,采场两侧分别预留 600 m 以上的距离。对模型的上表面采用均匀载荷约束,根据模型埋深施加 13.2 MPa 的垂直应力;分别施加水平和垂直约束于侧边界及底部边界,将其位移固定为 0。基于研究区综合地质柱状图,依据岩（煤）层的实际厚度和岩性,从底部边界逐层建立数值模型。这种模型设计结构更加复杂,但它可以更真实、更准确地模拟煤层顶板和底板的运动。

3.4.2　一、二盘区采场应力演化规律

　　伴随着工作面推采的进行,采场周边岩体的平衡状态被打破,采空区上覆岩

层的重力向周围煤体转移,造成应力集中现象。在采场周围一定范围内,煤体垂直应力将显著升高,形成支承压力现象。为分析在高家堡煤矿开采初期采场围岩应力的分布状况,在 204 工作面开采结束后,导出采场围岩面垂直应力分布云图(图 3-24)进行分析。

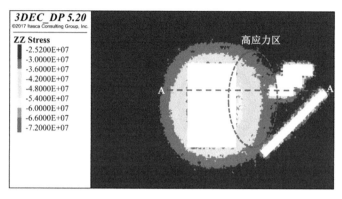

(a) 实际模型

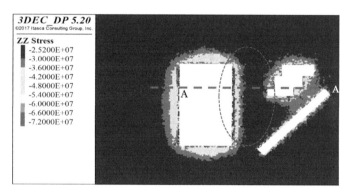

(b) 弱化模型

图 3-24　采场围岩垂直应力分布云图

图 3-24(a)所示结果表明,在开采一盘区工作面、201～204 工作面后,采空区周围支承应力出现较大程度的增长。其中一盘区采空区周围岩体应力增量较小,二盘区周围岩体应力增量较大,部分区域达到 72 MPa。在一盘区大巷煤柱区域,应力出现明显升高,平均应力约为 43 MPa,应力集中系数达到 1.79。图 3-24(b)所示结果表明,关键层结构弱化后,一、二盘区大巷区域应力增幅不明显,该区域平均应力约为 32 MPa。

为进一步说明该区域应力分布规律,在一盘区和二盘区设置测线 A-A 用以监测垂直应力,测线上的垂直应力如图 3-25 所示。

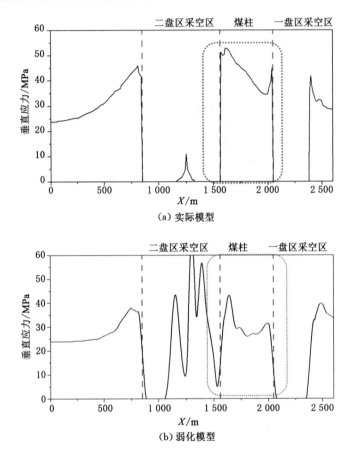

图 3-25 测线 A-A 垂直应力分布规律

如图 3-25(a)所示,在一盘区及二盘区工作面开采后,一、二盘区采空区侧向实体煤区域应力均达到 40 MPa 以上,其中二盘区采空区边缘应力明显高于一盘区采空区边缘。在一盘区大巷煤柱区域,垂直应力出现一侧高一侧低的应力分布特征,应力曲线出现较为明显的梯形分布。如图 3-25(b)所示,关键层弱化后一、二盘区大巷区域应力增幅不明显。这进一步说明,导致一、二盘区煤柱上方应力增加的原因是上覆巨厚主关键层厚度较大,进而影响煤层应力分布。

3.4.3 二、三盘区采场应力演化规律

随着采空区面积的增大,采空区周围煤体应力将进一步升高。特别是高家堡煤矿二盘区采后,采空区宽度达到 1 000 m 以上。随着三盘区工作面的开采,在二盘区侧向区域应力将出现极为明显的改变。为此分别导出 205 工作面开采后(图 3-26)及 302 工作面开采后(图 3-27)煤层垂直应力分布云图进行分析。

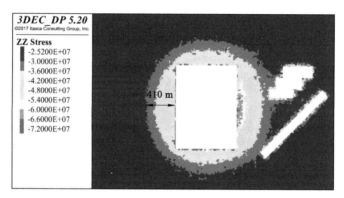

(a) 实际模型

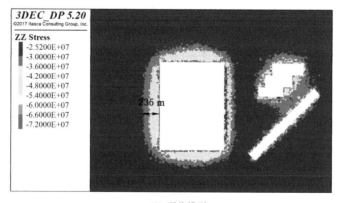

(b) 弱化模型

图 3-26　205 工作面开采后垂直应力分布云图

由图 3-26 及图 3-27 可以发现,三盘区工作面的开采将导致二、三盘区隔离煤柱区域垂直应力出现升高,形成较为明显的高应力区。在二盘区开采后,其侧向煤体应力分布范围为 410 m,应力最大值为 49 MPa;但是弱化模型中的应力分布范围减小为 235 m,在 301 工作面也未出现明显的应力集中。随着 302 工

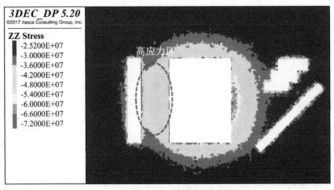

（a）实际模型

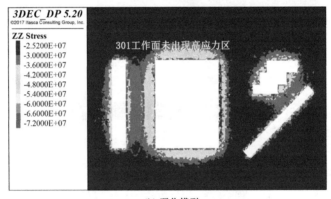

（b）弱化模型

图 3-27　302 工作面开采后垂直应力分布云图

作面的开采,二、三盘区隔离煤柱出现应力集中,该区域应力普遍在 40 MPa 以上,最大值为 60.24 MPa。

这一结果说明,在 302 工作面开采后该区域应力分布规律出现改变,301 工作面煤体应力处于较高水平,开采过程面临的冲击危险较为严重。从应力分布的规律来看,在 301 工作面及二、三盘区煤柱中部区域应力较高,受威胁程度更高。

随着 301 工作面的开采,隔离煤柱应力将进一步增大,在 301 工作面开采计算平衡后,导出煤层垂直应力分布云图,如图 3-28 所示。

由图 3-28 可以看出,301 工作面的开采将导致二、三盘区隔离煤柱应力出现较为明显的增大,在二、三盘区隔离煤柱中部最大应力达到 72 MPa,应力集中系数达到 3,远大于三盘区采空区周围其他区域煤体垂直应力;关键层弱化

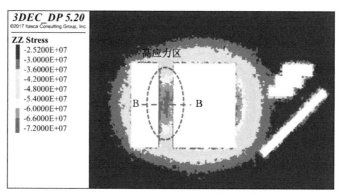

（a）实际模型

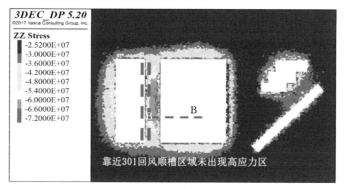

（b）弱化模型

图 3-28 301 工作面开采后垂直应力分布云图

后,301 工作面回风巷区域未出现明显的高应力区。为对比分析该区域垂直应力分布变化规律,设置测线 B-B 对该区域垂直应力进行分析,结果如图 3-29 所示。

由图 3-29（a）可知,在 302 工作面开采后采空区两侧垂直应力最大值分别为 44.28 MPa(侧向实体煤)、60.24 MPa(煤柱区域),煤柱区域应力集中系数达到 2.51。301 工作面开采后煤柱区域应力进一步增大。煤柱垂直应力平均值增大 17 MPa,尤其是邻近 301 回风巷处应力值较 302 开采后增加约 30 MPa。由图 3-29（b）可知,关键层弱化后,301 工作面巷区域的应力集中不明显。这一结果表明,受上覆巨厚关键层的影响,在三盘区 301 工作面回采过程中,回风巷冲击地压风险较大,应提前采区防冲卸压措施以保证回采期间的安全。

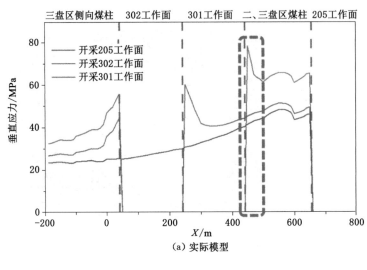

（a）实际模型

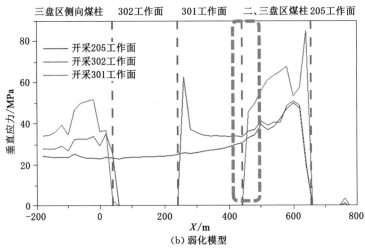

（b）弱化模型

图 3-29 测线 B-B 垂直应力分布规律

3.5 本章小结

主关键层厚度变化对一盘区大巷煤柱静载荷的影响较大,关键层为均厚时呈现马鞍形,关键层为非均厚时呈现梯形。这也导致在一盘区大巷煤柱中部,非均厚关键层比均厚关键层时额外增加应力 23.5 MPa,相当于又增加了约 1 000 m 埋深的静载荷。在二盘区 5 个工作面开采过程中,一盘区大巷煤柱应力集中系数缓慢增大并逐渐保持稳定;在二盘区 204 工作面回采前,一盘区大巷煤柱应力集中系数始终处于缓慢增长阶段;205 面回采时一盘区大巷煤柱支承应力趋于稳定,但仍处于高应力状态。

在二盘区及 301、302 工作面开采过程中,采空区应力主要来自亚关键层及部分软岩,而主关键层未出现明显破断及变形,主关键层上部岩层的重量由主关键层承担,未能传递至采空区。

数值模拟结果表明:301 工作面回采时,二盘区与三盘区之间的隔离煤柱所承受的支承应力峰值达到 88.47 MPa,应力集中系数为 3.26;整个隔离煤柱都承受较大载荷,受隔离煤柱上高静载和工作面回采过程中交叉点上的应力集中综合影响,301 工作面两巷尤其是回风巷超前段更容易产生冲击地压危害,建议矿方提前做好相应的防冲措施。

4 全柱状覆岩运动原位监测技术在离层探测中的应用

4.1 项目背景

崔木煤矿突水情况时有发生,主要防治水工作集中在防治离层积水对工作面安全生产的影响上,防治水工程量较大,难度较高。通过已有研究对矿井地质条件、水文地质条件矿井充水因素和涌水量等的分析,判定崔木煤矿水文地质类型为"复杂"型。

目前,崔木煤矿正在开采 3 煤层,受采掘破坏或影响的含水层为侏罗系延安组和直罗组含水层,以及白垩系洛河组砂岩含水层。前期根据岩层移动理论及顶板实测结果,结合煤矿生产实际,发现在侏罗系煤层条件下,工作面顶部覆岩结构是典型的上强下弱型,上部白垩系地层,即洛河组砂岩、宜君组砾岩的岩性比较坚硬,整体性强,而下部侏罗系泥岩岩石力学强度小,易风化。结合以往经验分析,白垩系洛河组含水层水体主要通过"离层空间积水"的方式溃入工作面,作为工作面的间接充水含水层,给工作面的安全生产带来威胁。

针对崔木煤矿 22311 工作面开采条件,拟采用地面钻孔内部岩移监测方法,从地面施工钻孔,在钻孔内部对应各关键层布置多个岩移测点,以监测工作面开采前、开采中、开采后不同层位关键层的运动特征、时空差异和采动岩层运动的影响范围等。对工作面回采过程中上覆厚硬岩层运动情况进行实时监测,可以为准确判断上覆厚硬岩层的离层发育情况提供支撑数据。

4.2 工程概况

22311 工作面位于井田 22 盘区(图 4-1),是 21309 工作面的接替面;工作面北侧为未开采区域,东、南两侧无邻近采空区,西侧靠近无煤边界,东侧靠近北翼辅运大巷,初步设计预留约 251 m 的保护煤柱。工作面回采侏罗系延安组 3 煤层,走向长度 1 212 m(切眼至设计停采线距离),倾向长度 200 m。本工作面所回采的煤层为中侏罗统延安组 3 煤层,煤层底板高程为 630～745 m,平均埋深为 653 m。煤厚赋存相对稳定,可采煤层厚度(巷道煤厚加顶煤厚度)为 14.0 m。

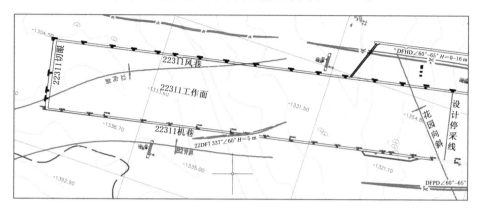

图 4-1　22311 工作面平面图

3 煤层顶板直接充水含水层有两层,分别为延安组和直罗组。抽水试验单位涌水量和渗透系数结果显示,直接充水含水层均为弱含水层。根据已回采的工作面情况分析,回采期间顶板水主要以顶板淋水和滴水形式进入工作面,预计正常淋水量 1～3 m³/h,最大淋水量 5 m³/h,对工作面回采的影响较小。

根据涌水量动态、水质、煤层距上覆洛河组砂岩的间距及综放面顶板垮落裂隙带的高度等资料综合分析,随着工作面不均匀推进,沉降带的地层发生不均匀沉降,形成大量的横向离层空隙。离层空隙接受周围弱含水层的补给,形成离层积水体。沉降带内的离层积水体与垮落裂缝带之间存在一定厚度的隔水层,当离层水的压力大于其底部隔水层的临界水压力值时方可发生离层突水。此类突水表现为来势猛、瞬时涌水量大,但衰减快,以静储量为主,离层水的形成是工作面涌水量增大的主要原因。

4.3　覆岩内部离层探测方案

4.3.1　监测钻孔方案

本次监测研究设计了一个监测钻孔。可将 22311 工作面视为首采面,从岩层运动和覆岩离层分布最大化的角度考虑,初始设计时将钻孔布置于工作面倾向中部。考虑到地表地形因素、埋深、离层的演化过程,以及仅利用一个钻孔来研究岩层运动的基本特征等综合因素,初步设计将钻孔布置在工作面中部并距离切眼约

320 m 处；后由于工期等其他因素影响，将钻孔布置在距离设计停采线约 250 m 处，其距离 22311 风巷仅 7.8 m，如图 4-2 所示。

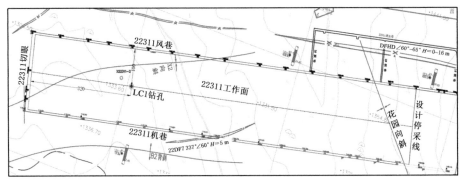

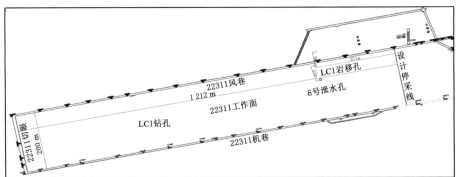

图 4-2　钻孔设计位置

根据工作面开采条件、设计钻孔位置的地表和煤层顶底板标高，结合 LC1 岩移孔及邻近的 6 号泄水孔测井结果（图 4-3），利用中国矿业大学岩层移动与绿色开采课题组所编制的关键层判别软件（图 4-4），对 LC1 岩移孔与 6 号泄水孔的测井柱状进行关键层判别,得到相应的关键层分布结果如图4-5所示。

由监测钻孔实际判别的关键层分布情况可以发现,两个钻孔柱状中关键层

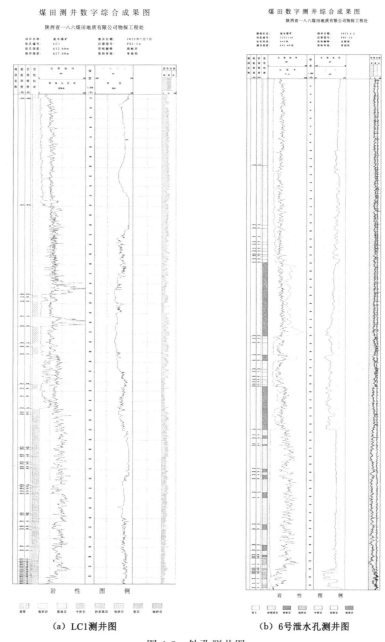

(a) LC1测井图   (b) 6号泄水孔测井图

图4-3   钻孔测井图

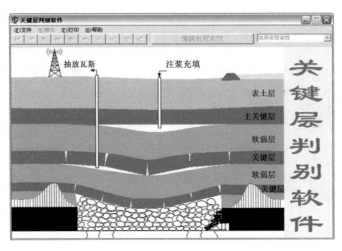

图 4-4　关键层判别软件

层位整体数量不多,关键层厚度相对较大,主关键层结构特征明显。

4.3.2　钻孔实施要求

(1) 孔深:终孔位置直至煤层顶板上方采动后预测裂隙带底界面附近,具体深度以实际为准。

(2) 孔质量:钻孔采用塔钻施工。钻孔施工的深度误差不大于 2 m,孔斜每 100 m 小于 1 m。施工过程中若有明显漏失段,则务必堵漏甚至封孔重透,确保后期封孔质量。

(3) 成孔时间:为了能够完整监测得到工作面采动的超前影响距离,通常要求钻孔成孔时超前工作面 400 m。

(4) 孔结构:表土层段加套管护孔,其余段为裸孔。

(5) 裸孔径:根据设计要求下放仪器和封孔所用钻杆的最大外径尺寸,本工程下放仪器和封孔采用 ϕ60 mm 钻杆,要求裸孔孔径至少达到 178 mm。如果采用更大直径的钻杆,则裸孔孔径需要同步增大,应向设计单位咨询确定。

(6) 表土套管:表土层加套管护孔,深度至表土层与基岩界面以下至少 10 m,具体深度以实探为准。表土套管管径及开孔直径在保障施工安全和满足裸孔直径的基础上,具体由施工单位确定并报设计单位同意。

(7) 测井:均要求全孔段测井。测井信息包含孔径、电阻率和自然伽玛等信息,并于测井完成后 24 h 之内将测井结果编录成标准柱状图提供给设计方。

(8) 仪器安装:监测仪器下放前进行扫孔,调整泥浆性能,用优质泥浆循环,

层号	厚度/m	埋深/m	岩层岩性	关键层位置	硬岩层位置	岩层图例
62	129.80	129.80	黄土			
61	109.45	239.25	粗砂岩			
60	91.35	330.60	粗砂岩	主关键层	第六层硬岩层	
59	2.90	333.50	中砂岩			
58	4.30	337.80	粗砂岩			
57	15.35	353.15	中砂岩			
56	10.10	363.25	粗砂岩			
55	17.30	380.55	中砂岩			
54	3.65	384.20	粗砂岩			
53	7.70	391.90	中砂岩			
52	30.40	422.30	粗砂岩	亚关键层	第五层硬岩层	
51	5.05	427.35	中砂岩			
50	8.00	435.35	粗砂岩			
49	11.95	447.30	粗砂岩			
48	4.35	451.65	砂质泥岩			
47	2.00	453.65	粉砂岩			
46	34.00	487.65	泥岩	亚关键层	第四层硬岩层	
45	1.50	489.15	泥岩			
44	6.20	495.35	泥岩			
43	1.35	496.70	泥岩			
42	6.10	502.80	砂质泥岩			
41	1.80	504.60	粉砂岩			
40	3.20	507.80	砂质泥岩			
39	1.00	508.80	细砂岩			
38	17.30	526.10	泥岩	亚关键层	第三层硬岩层	
37	2.25	528.35	细砂岩			
36	1.05	529.40	砂质泥岩			
35	3.05	532.45	砂质泥岩			
34	2.40	534.85	细砂岩			
33	20.50	555.35	泥岩	亚关键层	第二层硬岩层	
32	0.90	556.25	细砂岩			
31	7.10	563.35	泥岩			
30	5.30	568.65	砂质泥岩			
29	2.50	571.15	细砂岩			
28	17.80	588.95	泥岩	亚关键层	第一层硬岩层	
27	4.10	593.05	粉砂岩			
26	9.10	602.15	砂质泥岩			
25	2.70	604.85	细砂岩			
24	3.45	608.30	泥岩			
23	1.20	609.50	泥岩			
22	2.70	612.20	泥岩			
21	0.85	613.05	泥岩			
20	0.95	614.00	泥岩			
19	4.25	618.25	砂质泥岩			
18	0.85	619.10	泥岩			
17	0.60	619.70	砂质泥岩			
16	0.95	620.65	中砂岩			
15	1.75	622.40	砂质泥岩			
14	2.10	624.50	粉砂岩			
13	1.15	625.65	砂质泥岩			
12	1.20	626.85	粉砂岩			
11	0.38	627.23	泥岩			
10	5.95	633.18	砂质泥岩			
9	8.34	641.52	细砂岩			
8	5.32	646.84	泥岩			
7	1.00	647.84	细砂岩			
6	0.50	648.34	粗砂岩			
5	2.98	651.32	细砂岩			
4	0.90	652.22	粗砂岩			
3	0.40	652.62	细砂岩			
2	0.80	653.42	细砂岩			
1	1.58	655.00	泥岩			
0	24.00	679.00	煤层			

(a) LC1钻孔

层号	厚度/m	埋深/m	岩层岩性	关键层位置	硬岩层位置	岩层图例
59	117.50	117.50	黄土			
58	74.20	191.70	粗砂岩			
57	4.20	195.90	粗砂岩			
56	10.60	206.50	粗砂岩			
55	6.30	212.80	粗砂岩			
54	3.20	216.00	中砂岩			
53	5.10	221.00	粗砂岩			
52	3.30	224.40	中砂岩			
51	4.05	228.45	粗砂岩			
50	1.95	230.40	中砂岩			
49	3.80	234.20	粗砂岩			
48	4.20	238.40	中砂岩			
47	91.30	329.70	粗砾岩	主关键层	第五层硬岩层	
46	3.45	333.15	粗砂岩			
45	5.00	338.15	中砂岩			
44	15.15	353.30	中砂岩			
43	6.95	360.25	粗砂岩			
42	10.65	370.90	粗砂岩			
41	3.35	374.25	粗砂岩			
40	6.00	380.25	粗砂岩			
39	3.65	383.90	粗砂岩			
38	2.85	386.75	中砂岩			
37	3.20	389.95	中砂岩			
36	2.25	392.20	中砂岩			
35	53.80	446.00	粗砾岩	亚关键层	第四层硬岩层	
34	7.05	453.05	砂质泥岩			
33	3.70	456.75	粉砂岩			
32	7.60	464.35	砂质泥岩			
31	1.40	465.75	粉砂岩			
30	29.15	494.90	砂质泥岩	亚关键层	第三层硬岩层	
29	3.90	498.80	粉砂岩			
28	3.65	502.45	砂质泥岩			
27	4.95	507.40	粉砂岩			
26	16.80	524.20	砂质泥岩			
25	6.75	530.95	砂质泥岩			
24	32.90	563.95	砂质泥岩	亚关键层	第二层硬岩层	
23	6.20	570.05	砂质泥岩			
22	19.45	589.50	砂质泥岩	亚关键层	第一层硬岩层	
21	6.75	596.25	粉砂岩			
20	5.60	601.85	砂质泥岩			
19	2.40	604.25	粉砂岩			
18	1.65	605.90	砂质泥岩			
17	7.85	613.76	砂质泥岩			
16	4.90	618.65	砂质泥岩			
15	1.90	620.55	砂质泥岩			
14	1.75	622.30	砂质泥岩			
13	1.85	624.15	砂质泥岩			
12	1.25	625.40	砂质泥岩			
11	6.15	631.55	细砂岩			
10	5.95	637.50	砂质泥岩			
9	8.34	645.84	细砂岩			
8	5.32	651.16	泥岩			
7	1.00	652.16	细砂岩			
6	0.50	652.66	粗砂岩			
5	2.98	655..64	粗砂岩			
4	0.90	656.54	粗砂岩			
3	0.40	656.94	中砂岩			
2	0.80	657.74	细砂岩			
1	1.58	659.32	泥岩			
0	24.00	683.32	煤层			

(b) 6号泄水孔

图 4-5　LC1 钻孔与 6 号泄水孔测井数据关键层判别结果

将孔底岩粉全部排出、孔壁冲洗干净，以防钻孔缩径、岩粉沉淀而造成孔内仪器下放不到位。钻孔中若发现掉块、缩径等情况，务必进行全孔透孔，确保孔径满足安装要求。仪器安装时需利用可封孔的钻井平台，使用 $\phi 60$ mm、总长度可达到安装深度的中空钻杆协助下放仪器，禁止拼接不同外径的钻杆。安设孔内仪器工作在中国矿业大学研究人员指导下由钻孔施工单位协助完成。

（9）钻孔封孔：钻杆下放至孔底后由下往上封孔。采用水泥浆封孔，普通硅酸盐水泥标号为 R42.5，水灰比为 0.6∶1。孔口套管完全返出封孔浆液后，可停止封孔。

（10）孔口场地：孔内水泥浆凝固达标后可撤钻，并平整孔口场地，以备仪器安装。孔口周边约 4 m×4 m 区域需持续使用 10～12 个月。

4.3.3　现场实施

在岩移钻孔内部布置了 7 条锚固位移点测线和 2 条钢绞线分布式光缆，如图 4-6 所示。结合钻孔的测井结果进行了关键层判别，由于最终下放深度与初始设计发生了变化，因此对孔内各个测点进行设定调整，最终 7 条测线对应的测点 1～7 深度分别为 534 m、520 m、492 m、453 m、388 m、324 m、204 m，钻孔内

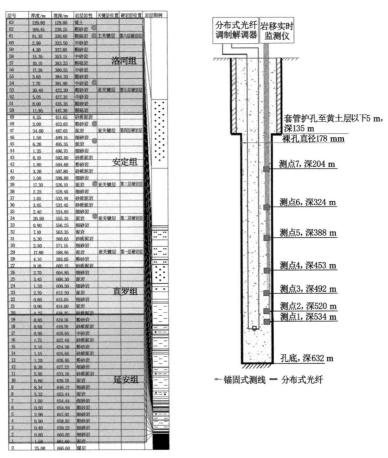

图 4-6　LC1 钻孔测点与测线布置示意图

部监测点的实际位置及其与煤层的间距、测点间距情况见表 4-1。分布式光缆双回路深度与测点 1 的深度相同，为 534 m。

表 4-1　LC1 监测钻孔内部测点

测点	实际测点埋深/m	实际测点与煤层的间距/m	实际测点间距/m
7#	204	457	120
6#	324	337	64
5#	388	273	65
4#	453	208	39
3#	492	169	28
2#	520	141	14
1#	534	127	0

　　由于监测钻孔施工结束时间拖后，截止到 2022 年 7 月 20 日钻孔施工深度至 632 m，并进行 ϕ178 mm 顶漏扩孔深度至 620 m，与现场钻孔施工人员沟通得知，岩移孔深度约 605 m 处漏失不返浆，考虑到设备安装后的封孔安全性，经与钻孔施工队现场商议决定提前将孔内 595 m 至终孔位置 632 m 段进行封孔，并候凝等待仪器下放。2022 年 7 月 21 日进行设备下放前，得知利用钻杆通孔时在 570 m 处遇阻需扫孔才能下放。2022 年 7 月 21 日 11 时开始进行现场安装，当日 17 时 30 分设备下放至深度 534 m 处（该深度以下为较厚层泥岩）停止，之后开始注浆封孔，于 2022 年 7 月 22 日凌晨 1 时完成封孔（此时钻孔超前工作面约 23 m）。仪器设备下放过程如图 4-7 所示，安装结束后地面孔口监测设备如图 4-8 所示。

图 4-7　仪器下放过程

图 4-8 地面孔口监测设备

4.4 覆岩内部移动监测数据

4.4.1 基于关键层位置的导水裂隙带高度预计

煤层开采后,上部岩层发生破坏和变形,经过长期的试验论证:岩层破坏和变形具有分带性的特点,并且与地质条件、采矿方式、时间因素等有关。当采用长壁落顶方式挖掘微倾斜中等厚度煤层时,岩层的破坏形成 3 个有差别特征的部分,从底部到顶部依次为冒落带、裂隙带和弯曲下沉带,简称"三带"。

影响"三带"高度的因素有覆岩岩性和组合结构、采高及分层开采、工作面走向长度、开采方法、顶板管理方式、断层构造、时间等。

"三带"高度分析方法有理论分析、数值模拟、相似模拟和现场实测。其中,理论分析主要是根据关键层理论中的关键层破断机理来确定裂隙的发育高度;数值模拟方法主要是通过计算机软件模拟煤层开挖过程,通过有限元或离散元法对覆岩破坏的过程进行数值模拟研究,判断覆岩垮落及裂隙发育的特征,从而确定"三带"高度;相似模拟是通过在实验室按相似原理制作与原型相似的模型,观测模型在开挖过程中覆岩结构破坏运动规律,按照比例换算到实际工作面中,从而确定工作面"三带"高度;现场实测方法主要有注水试验法、电阻率法、声波成像法和钻孔摄像仪探测法等。

裂隙带高度也可以理解为导水裂隙带高度,目前,我国应用最为普遍的导水裂隙带高度预计方法是《建筑物、水体、铁路及主要井巷煤柱留设与压煤开采规程》(以下简称《规程》)中推荐的统计经验公式,它是在大量实测基础上统计得到的经验公式,在一定程度上满足了我国煤矿水体下采煤设计的要求;但该经验公式对覆岩岩性采取了均化处理的方式,掩盖了关键层在覆岩破断运动中的控制作用,且现有的开采工艺与其适用的煤层开采方法已经发生较大差异,使得在一定条件下按照传统方法预计的覆岩导水裂隙高度与工程实际偏差很大,一些矿井按照传统方法留设煤柱反而发生了异常的突水事故。为此,中国矿业大学岩层移动与绿色开采团队首次提出了基于覆岩关键层位置的导水裂隙带高度预计新方法。

该预计方法的具体步骤如下(图 4-9):

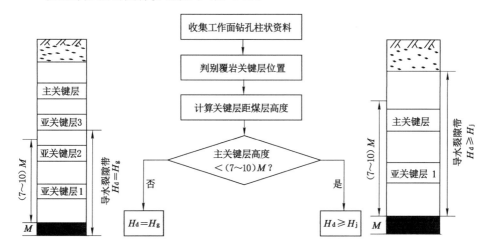

M—煤层采厚;H_d—导水裂隙带高度;H_j—基岩厚度;

H_g—$(7\sim10)M$ 高度以上的最近关键层距煤层高度。

图 4-9 基于关键层位置判别的导水裂隙带高度预计方法流程

第一步,收集工作面钻孔柱状资料,这与《规程》中预计方法需要收集的地质开采资料基本相同。

第二步,采用关键层判别软件 KSPB 进行具体钻孔柱状条件下覆岩关键层位置判别。

第三步,计算关键层位置距开采煤层高度,并判别关键层破断裂隙是否贯通。如关键层位置距开采煤层高度大于$(7\sim10)M$,则该层关键层破断裂隙是不贯通的;如该层关键层位置距开采煤层高度小于$(7\sim10)M$,则该关键层破断裂隙是贯通的,且它控制的上覆岩层破断裂隙也是贯通的。

第四步,确定顶板导水裂隙带高度。如果主关键层位置距开采煤层高度小于$(7\sim10)M$,则覆岩主关键层破断裂隙是贯通的,主关键层控制的上覆基岩破断裂隙也是贯通的,导水裂隙发育至基岩顶部以上,如基岩厚度为H_j,则导水裂

隙带高度 H_d 大于或者等于 H_j；当主关键层位置距开采煤层高度大于$(7\sim10)M$时，顶板导水裂隙带高度受控于距煤层高度大于$(7\sim10)M$ 的第一层关键层的位置，如该层关键层距煤层高度为 H_g，则导水裂隙带高度 H_d 等于 H_g。通常情况下，在采高较大时，可采用小倍数判断临界关键层层位，相反用较大倍数。

利用中国矿业大学岩层移动与绿色开采团队研究提出的"基于关键层位置的导水裂隙带高度预计方法"对 LC1 与 6 号钻孔的导水裂隙带发育高度进行了判别，如图 4-10 所示。以实际采高 $10.5\sim14$ m 进行计算，LC1 钻孔的覆岩导水

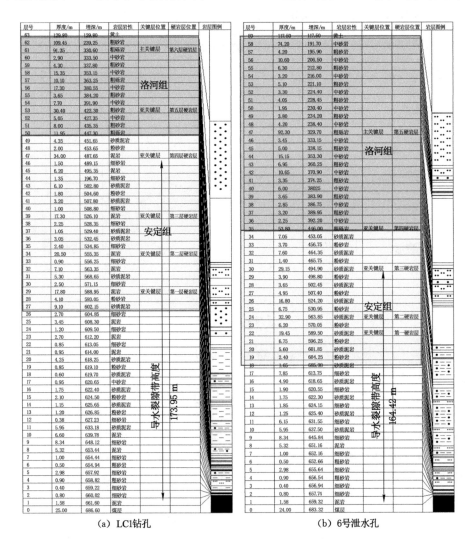

(a) LC1钻孔　　　　(b) 6号泄水孔

图 4-10　LC1 钻孔与 6 号泄水孔导水裂隙带高度预计

裂隙带发育至亚关键层4的底界面,对应导水裂隙带高度为173.95 m,是采高的12.4～16.6倍;6号泄水钻孔的覆岩导水裂隙带发育至亚关键层3的底界面,对应导水裂隙带高度为164.42 m,为采高的11.7～15.7倍。两个钻孔的预计导水裂隙带高度顶界面均位于安定组上段。

4.4.2　地面钻孔内部岩移监测结果及规律分析

监测仪器自钻孔封孔完成后便进行了安装与调试,自2022年7月24日开始正式监测,此时工作面超前钻孔约18 m。截止到2022年10月30日,工作面推过钻孔260 m,累计监测时长100 d,工作面推进进度如图4-11所示。

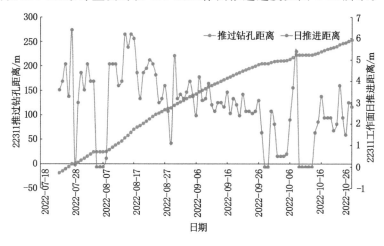

图4-11　22311工作面推进进度

4.4.2.1　基于分布式光纤的孔内微应变数据

自从2022年7月24日完成分布式光纤的首次监测后,下雨导致交通不便,停隔了4 d后于2022年7月29日进行第二次监测,其间LC1钻孔与工作面距离为−18.4～−0.1 m(负值表示超前)。对第二次监测结果进行分析发现,钻孔内部光纤于深度475.5 m处出现应变断点,表明此处岩层产生变形,且变形幅度超过光纤的应变极限。由于钻孔处于超前状态,此时光纤错断是受超前影响岩层压缩变形导致的。

从2022年7月30日至2022年8月11日持续每天进行应变监测,其间工作面推过LC1钻孔的距离为2.9～38.4 m,从监测结果[图4-12(a)]可以发现,此阶段测线1应变曲线的断点深度维持在475.5 m附近没有发生变化,钻孔深度0～350 m范围覆岩变形不明显,而钻孔深度350 m、390 m、450 m等多处出现拉伸应变段。对 440 m 及其下部光纤应变曲线进行局部放大,如图 4-12(b) 所示,可以发现在深度为 450～460 m 范围存在压缩-拉伸应变转换区。

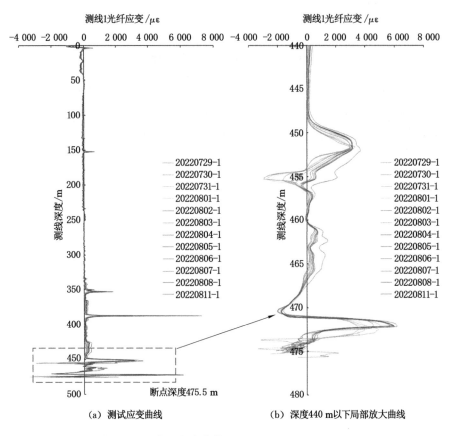

（a）测试应变曲线　　　　　（b）深度440 m以下局部放大曲线

图 4-12　测线 1 应变曲线(2022-07-19—2022-08-11)

从 2022 年 8 月 14 日监测结果发现,测线 1 的光纤应变在深度为 453.7 m 处出现了新的断点(位于上一阶段深度为 450～460 m 的压缩-拉伸应变转换区内),之后持续监测至 2022 年 8 月 16 日,其间工作面推过 LC1 钻孔的距离为 52.6～64.3 m。

从监测结果[图 4-13(a)]可以发现,该阶段光纤应变主要为拉伸变形,应变曲线的断点深度维持在 453.7 m 附近没有发生变化,钻孔深度 0～350 m 范围内覆岩变形仍然不明显,而钻孔深度 350 m、390 m 等处出现拉伸应变段。对 380 m 及其下部光纤应变曲线进行局部放大,如图 4-13(b)所示,可以发现在深度为 385～392 m 范围存在明显的拉伸变形。

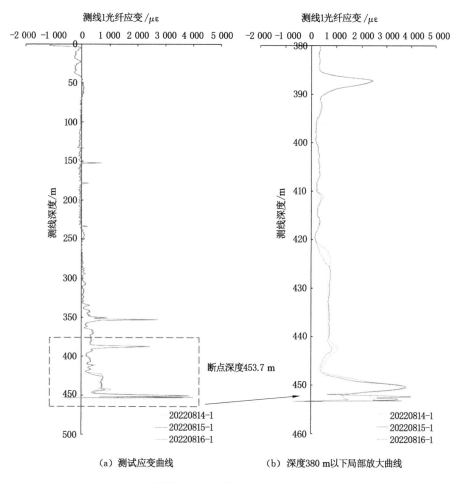

（a）测试应变曲线　　　　　　（b）深度 380 m 以下局部放大曲线

图 4-13　测线 1 应变曲线（2022-8-14—2022-8-16）

从 2022 年 8 月 17 日监测结果可以发现，测线 1 的光纤应变在深度为 390.4 m 处出现了新的断点（位于上一阶段深度为 385～392 m 的拉伸变形区间内），之后持续监测至 2022 年 8 月 24 日，此期间工作面推过 LC1 钻孔的距离为 70.4～101 m。

从监测结果［图 4-14（a）］可以发现，该阶段光纤应变主要为拉伸变形，应变曲线的断点深度维持在 390.4 m 附近没有发生变化，钻孔深度 0～350 m 范围内覆岩变形出现了较小的拉伸变形，而钻孔深度 350 m 附近的拉伸应变较上部覆岩变形明显增大。对 340 m 及其下部光纤应变曲线进行局部放大，如图 4-14（b）所示，可以发现在深度为 350～360 m 范围存在明显的拉伸变形。

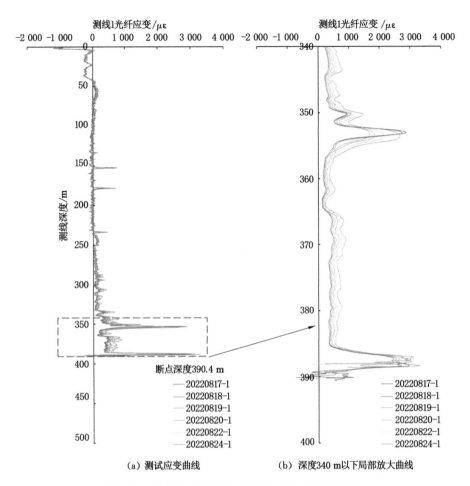

（a）测试应变曲线　　　　　　　（b）深度340 m以下局部放大曲线

图 4-14　测线 1 应变曲线（2022-08-17—2022-08-24）

　　从 2022 年 8 月 31 日监测结果可以发现,测线 1 的光纤应变在深度为
351.3 m 处出现了新的断点(位于上一阶段深度为 350～360 m 的拉伸变形区间
内),之后持续监测至 2022 年 9 月 25 日,其间工作面推过 LC1 钻孔的距离为
70.4～199.8 m。

　　从监测结果[图 4-15(a)]可以发现,该阶段光纤应变主要为拉伸变形,应变
曲线的断点深度维持在 351.3 m 附近没有发生变化,钻孔深度 0～350 m 范围
内覆岩变形主要为拉伸变形,但整体变形比较平缓,对应的应变值变化不大。对
深度为 320 m 及其下部光纤应变曲线进行局部放大,如图 4-15(b)所示,从图中
可以发现,在深度 330 m 以下的覆岩变形稍大,但也不超过 2 000 $\mu\varepsilon$。

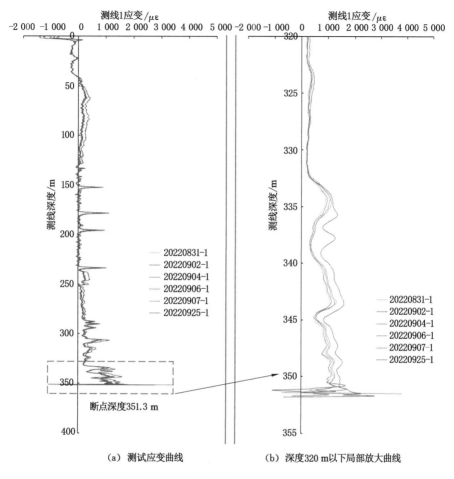

图 4-15　测线 1 应变曲线（2022-08-31—2022-09-25）

　　以上分析的是测线 1 的应变曲线，测线 2 与测线 1 为对称的测试条件，但由于安装后光纤内部的初始应变状态差异，因此两条测线后续的监测结果也可能存在一些差异。测线 2 的应变曲线变化主要分为两个阶段：（1）2022 年 7 月 29日至 2022 年 8 月 11 日，该阶段光纤断点与测线 1 一致，在深度 475.5 m 处出现应变断点且保持不变[图 4-16(a)]，另外与测线 1 类似在深度 350 m，390 m，450 m等多处出现拉伸应变段。对 380 m 及其下部光纤应变曲线进行局部放大，如图4-16(b)所示，可以发现在深度为 450～460 m 范围也存在压缩-拉伸应变转换区。（2）2022 年 8 月 14 日至 2022 年 9 月 25 日，该阶段光纤断点与测线 1 存在差异，测线 2 在 450 m 附近位置拉伸应变较大，但未监测到其断点，而是直接在更高层位 390.5 m 处出现应变断点且之后保持不变,如图 4-17(a)所示。对 340 m 及其下部光纤应变曲线进行局部放大,如图 4-17(b)所示,可以发现虽然在 350 m 附近没有出现断点,但是出现了较大的拉伸应变。

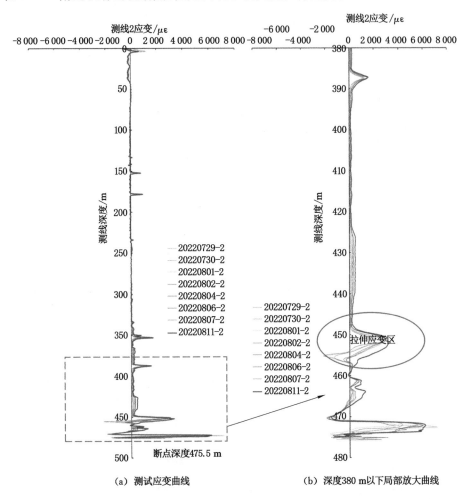

（a）测试应变曲线　　　　　　　　（b）深度380 m以下局部放大曲线

图 4-16　测线 2 应变曲线(2022-07-19—2022-08-11)

4.4.2.2　基于锚固式松套基点的孔内位移监测

分布式光纤主要用于对岩层内部的微应变进行监测,但是当岩层发生较大变形后,光纤应变超出其极限,易造成错断,从而无法进行后续的岩层变形监测。因此,除安装分布式光纤外,还在钻孔内部的不同覆岩层位布置了多个锚固测点以实现较大变形的连续监测。

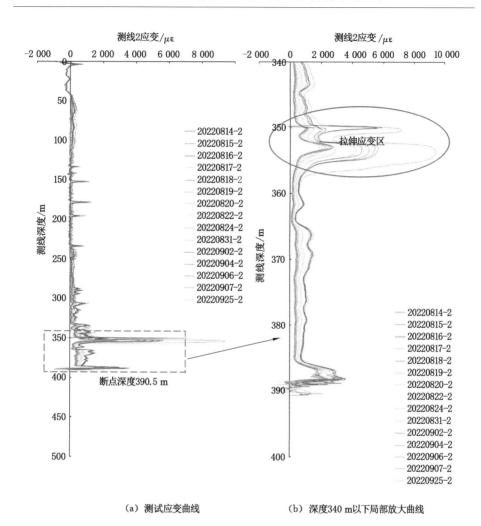

（a）测试应变曲线　　　（b）深度340 m以下局部放大曲线

图 4-17　测线 2 应变曲线（2022-08-14—2022-09-25）

（1）监测原理

在钻孔内利用光分布式光纤进行岩层运动微变形观测的同时，还通过锚固式松套线缆布置多个锚点方式对岩层采动过程中的移动情况进行监测。与光纤监测方法不同的是，采用钢丝绳监测方法可以长时间持续监测数据变化。在进行监测设计时，重点根据覆岩关键层位置的判别结果，将监测点设置在地层中的关键层上，以监测其运动情况。岩层受采动影响而发生运动时，将带动孔内监测点与钢丝绳一起运动，进而反馈到孔口数据采集系统。需要说明的是，孔内监测数据主要是相对于孔口的相对移动量，其绝对变化量需要配合孔口的沉降监测获得。在移动网络信号正常的情况下,锚固测点位移与地表 GPS 沉陷数据均可通过云平台进行在线实时监测,如图 4-18 所示。

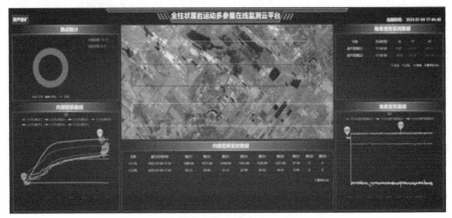

图 4-18　全柱状覆岩运动多参量在线监测云平台

(2)内部位移监测数据

在 LC1 钻孔内部布置了 7 个锚固位移测点,自 2022 年 7 月 24 日监测设备安装之后,各测点位移数据在数据采集仪中进行自动存储。将监测得到的位移数据生成曲线,如图 4-19 所示。图中,横坐标表示 LC1 钻孔与工作面的相对距离(负值表示钻孔位于工作面前方,正值表示工作面推过钻孔的距离);纵坐标表示不同深度的测点相对地表移动量。测点 1 为最深部测点,对应深度为 534 m,依次往上布置测点。

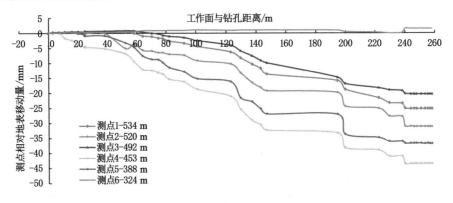

图 4-19　钻孔内部多点位移变化曲线

当工作面推过 LC1 钻孔 7.3 m 后,深度为 453 m 的锚固测点 4 开始出现拉伸变形;当工作面推过 LC1 钻孔 15.9 m 后,深度为 388 m 的锚固测点 5 开始出现拉伸变形,如图 4-20(a)所示。当工作面推过 LC1 钻孔 38.4 m 后,深度为 520 m 的锚固测点 2 开始出现拉伸变形;当工作面推过 LC1 钻孔 52.6 m 后,深度为 534 m 的锚固测点 1 开始出现拉伸变形;当工作面推过 LC1 钻孔 58.1 m 后,深度为 492 m 的锚固测点 3 开始出现拉伸变形,如图 4-20(b)所示。测点 6 基本保持微小的变化。另外,由于测点 7 编码器出现故障,在此不再列出。

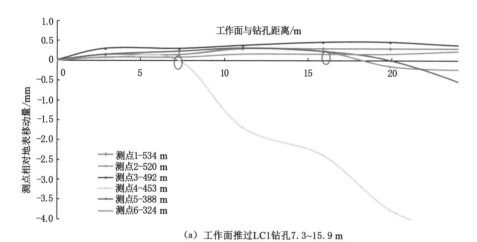

(a) 工作面推过LC1钻孔7.3~15.9 m

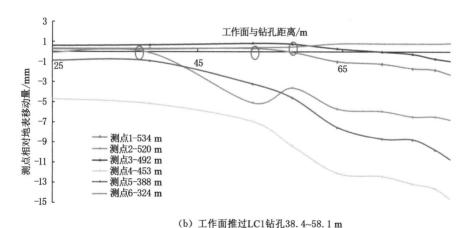

(b) 工作面推过LC1钻孔38.4~58.1 m

图 4-20 钻孔内部多点位移起始下沉位置

从图 4-21 中曲线可以发现,LC1 钻孔内部多点位移的下沉变化速度与工作面推进距离存在一定的相关性,即随着推进距离增大,上覆岩层位移变化速度出现多次跳跃变化。当工作面推过钻孔 240 m 后,虽然工作面继续保持一定推进速度,但是位移变化速度保持为 0,表明此时上覆岩层基本达到稳定状态。

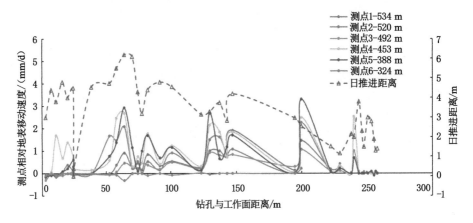

图 4-21　钻孔内部多点位移变化速度曲线

4.5　覆岩内部离层分布特征

离层是上覆岩层在运动过程中,上、下岩层厚度、岩层强度差异造成岩层之间不协调移动变形而形成的横向裂隙。本项研究的重点是掌握岩层运动规律,揭示离层的演化特征。通过钻孔内部移动监测,分析测点监测的相对运动,即可初步掌握离层产生的过程。通常情况下,工作面中部覆岩运动过程较为充分,而其能够较为客观地反映离层的演化过程。考虑到多次工期调整、地表地形以及与邻近钻孔的安全距离等因素,此次 LC1 钻孔布置在离平巷太近的位置,导致内部离层可能较中部位置偏小;但是,通过光纤形变及岩层内部测点随采动的变化趋势,可以对离层的发育情况进行一定的判断。

4.5.1　基于分布式光纤微应变的离层分析

分析 LC1 钻孔内部两条分布光纤的微应变数据(图 4-22)可以发现,随着工作面推过监测钻孔的距离逐渐增大,覆岩内部的变形从下不断往上发育。工作面超前时光纤测线受采动超前影响在顶板高度 186.1 m(埋深 475.5 m)处发生错断,此时对应的位置为第四层关键层的下部。之后工作面继续开采至推过钻孔 46.3 m 阶段,两条光纤测线的变形高度未发生变化。当推过钻孔 46.3 m 后两条测线的变形高度出现第一次跳跃变化,其中测线 1 的变形高度发育至顶板高度

207.9 m(埋深 453.7 m)处,对应的变形层位为亚关键层 4 与其上部相邻粉砂岩分层的接触面位置;测线 2 则发育至顶板高度 271.2 m(埋深 390.4 m)处,对应的变形层位为亚关键层 5 与其上部相邻中砂岩分层的接触面位置。当工作面推过钻孔 52.6～64.3 m 后,覆岩变形高度出现第二次跳跃变化,其中测线 1 变形高度发育至与测线 2 大致相同的位置;而测线 2 的变形高度保持不变。当工作面推过钻孔 101 m 后,覆岩变形高度出现第三次跳跃变化,其中测线 1 变形高度发育至顶板高度 310.3 m(埋深 351.3 m)处,对应的变形层位为洛河组中较厚的中砂岩与粗砾岩的节理面;而测线 2 的微应变虽有所增加,但未出现新的拉伸变形破断。之后工作面继续推进并远离监测钻孔,两条测线的变形断点保持不变,表明工作面采动对后方上覆高位岩层的变形影响逐渐减弱。

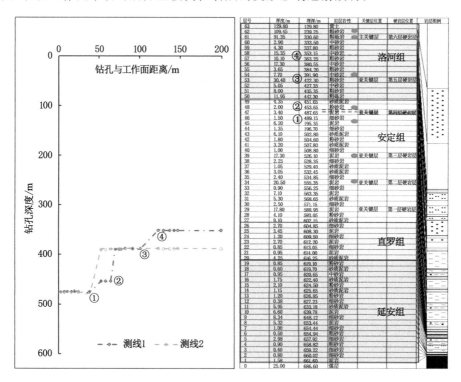

图 4-22　覆岩内部运动层位变化曲线及其与柱状对应情况

与 LC1 孔同一倾向断面的工作面中部还布置了一个 6 号泄水孔,将 LC1 孔内测线 1 分布式光纤的比变断点曲线与 6 号泄水孔的水位变化曲线进行对比分析。6 号泄水孔的终孔深度为 645 m,距煤层顶板约 14 m,孔底处于冒落带内。理论上,当工作面推过泄水孔后,孔内应该会很快出现比较显著的水位下降过程。如图 4-23 所示,在工作面推过 LC1 孔与 6 号泄水孔 0~52.6 m 期间,LC1 孔内覆岩变形位于深度 475.5 m 处不变,而对应 6 号泄水孔的水位深度也基本不变,维持在深度 335 m 处未发生较明显变化(图 4-23 中Ⅰ区)分析其水位未出现下降的原因,可能是由于泄水孔提前施工完毕,泥岩泥化和泥浆沉淀导致泄水孔下部一段距离堵塞,而此期间覆岩采动影响的导水裂隙带高度尚未与堵塞段沟通,造成水位下降的延迟出现。在工作面推过钻孔 52.6~64.3 m 期间,LC1 孔内覆岩变形层位往上发育至深度 453.7 m 处时,6 号泄水孔的水位深度也出现快速的下降,由深度 335 m 位置降低到 385.9 m 处(图 4-23 中Ⅱ区间),表明此阶段煤层采动导致的导水裂隙带高度已与泄水孔内部的堵塞段联通;当工作面推过 64.3~101 m 时,LC1 孔内覆岩变形层位往上发育至深度 390.4m 处并基本保持不变,6 号泄水孔的水位也基本处于同一层位保持不变(图 4-23 中Ⅲ区),表明此阶段覆岩内部变形位置上移不再代表是导水裂隙带向上继续发育,根据导水裂隙带内无水位的一般原则,此时的水位应为洛河组岩层中的离层水;而当工作面推过钻孔 101 m 后,覆岩变形层位继续往上发育至位于孔深 351.3 m 处时,水位急速下降至深度 423 m 处(图 4-23 中Ⅳ区),推测此期间水位下降应该是由洛河组内部离层发育,由离层空间积水导致的下降。

从图 4-23 中曲线对应关系中Ⅱ区可以得出,当覆岩内部变形直接导致水位下降,可认为此变形特征主要为竖向贯通裂隙且变形高度处于导水裂隙带以内,对应的覆岩埋深 453.7 m 以下(距煤层顶板高度 207.9 m);而覆岩内部变形对水位变化无直接影响,可认为此变形层位处于导水裂隙带以上(图 4-23 中Ⅲ区)。结合覆岩内部变形数据与水位变化数据,可推断导水裂隙带顶界高度位于亚关键层 4 附近,距煤层顶板高度 173.9~207.9 m。

综合 LC1 钻孔内两条分布式光纤的应变特征,测线 1 在深度 390.4 m(洛河组下部)、深度 351.3 m(洛河组中部)附近区域出现中断,是由此两处的拉伸应变大而超过光纤本身应变极限值导致的;测线 2 在深度 390.4 m(洛河组下部)附近区域出现中断(拉伸应变大超过应变极限),深度 351.3 m(洛河组中部)附近区域出现较大拉伸应变但未出现中断。由于两处均位于导高顶界以上,因此其应变增大是由离层发育导致的,可以推断分别在距煤层顶板约 271.2 m 与 310.3 m 两个位置附近出现了离层。

4.5.2 基于锚固测点位移数据的离层分析

对 LC1 岩移孔内部 7 个测点监测得到的数据进行分析,将相邻两个测点的位移数据进行差值计算,得到不同测点层位之间的离层数据曲线,如图 4-24 所示。当相邻两测点的位移差为正值,表明下部测点的拉伸变形大于上部的拉伸

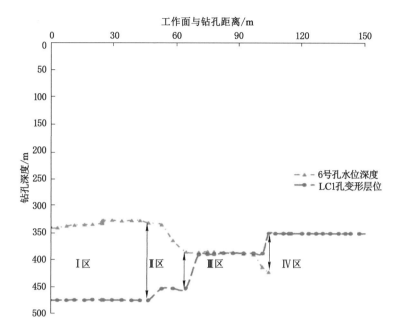

图 4-23 覆岩内部运动层位变化与水位变化对应曲线

变形;反之当相邻两测点的位移差为负值,表明下部测点的拉伸变形小于上部测点的拉伸变形,或者是原有裂隙或离层闭合,或者是该区域内的岩体整体处于压缩状态。从图 4-24(a)中离层曲线可以发现,钻孔深度为 388 m 的测点 5 与深度为 324 m 的测点 6 之间位移差值最大,说明钻孔内部与此相对应的两个覆岩层位即亚关键层 5 与主关键层之间的下沉变形不同步,推断覆岩离层发育最大的层位应处于该区域之间;钻孔深度为 453 m 的测点 4 与深度为 388 m 的测点 5 之间也出现位移差正值,说明钻孔内部与此相对应的两个覆岩层位即亚关键层 4 与亚关键层 5 之间的下沉变形也不同步,推断该区域也存在离层。而钻孔深度为 520 m 的测点 2 与 492 m 的测点 3 之间虽然也出现较小的位移差正值,但是数值不大,由于此区域已位于裂隙带内,故其差值表现特征应以竖向裂隙变形为主。

从图 4-24(b)中速度变化曲线可以发现,当工作面推过钻孔 240 m 后,虽然工作面仍持续回采,但离层变化速度趋近于 0,表明此时上覆岩层基本达到稳定状态。

随着工作面推进,在预判的离层出现的范围内,出现 3 次离层变化速度波动明显的现象,如工作面推过钻孔 64.3 m、129.7 m 和 199.8 m 离层变化均出现了峰值波动。离层速度的增加反映了下部运动与上部岩运动差异的变化,即受到采动影响离层可能存在周期性扩展现象,在 22311 工作面开采尺寸、覆岩结构

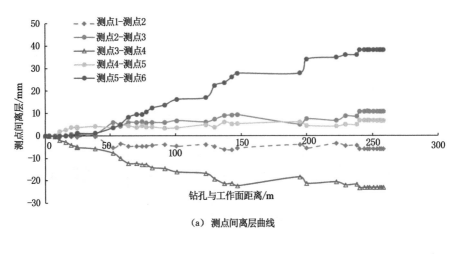

（a）测点间离层曲线

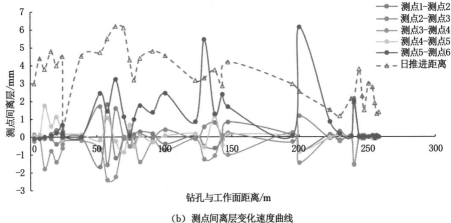

（b）测点间离层变化速度曲线

图 4-24　覆岩内部测点间离层及其变化速度曲线

及推进条件下,其周期性扩展对应的推进距离约为 65～70 m。当然,在工作面开采条件发生变化时,该数值可能会发生变化。

研究离层的周期性扩展问题,对于及时评判离层发展程度以及可能存在的离层积水隐患等具有重要意义;但受本次研究钻孔位置及钻孔数量限制,更深层次的信息还需要在后续研究中进一步探索和挖掘。

需要补充说明的是,由于地形以及与相邻钻孔位置关系问题,LC1 钻孔布设偏于工作面边界(距回风巷约 8 m),对离层的探测有一定影响。目前,监测数据在理论上小于工作面中部,但仍可以从其变化趋势上得出一定的规律,据此可为分析离层的分布范围提供重要参考和借鉴。

4.5.3 锚固测点与分布式光纤的耦合分析

将锚固测点的位移曲线与分布式光纤的断点曲线进行耦合分析,由图 4-25 可以发现:当分布式光纤断点由 475 m 向 453.7 m 跳跃变化时,锚固测点 2(深度 520 m)、测点 4(深度 453 m)、测点 5(深度 388 m)的位移变化曲线斜率均出现增大拐点,如图中①处所示;当分布式光纤应变不断增大,但断点仍然维持在 453.7 m 阶段(图中②与③之间),锚固测点的位移变化曲线斜率也基本保持线性不变;当分布式光纤断点由 453.7 m 向 390 m 跳跃变化时,锚固测点的位移变化曲线斜率也发生了相应的变化;当工作面推过 LC1 钻孔 123.1 m 时,分布式光纤断点由 390 m 向 350 m 跳跃变化时,锚固测点的位移变化曲线斜率出现了明显的拐点变化,如图中④处所示;断点以下的分布式光纤无法持续监测,因此无法得到下部岩层的应变数据;而锚固测点的位移变形量程较大,因此可以持续监测。随着工作面的继续推进,上部分布式光纤未出现新的断点,但锚固测点仍然出现多次变化,表明覆岩仍处于持续变形过程。

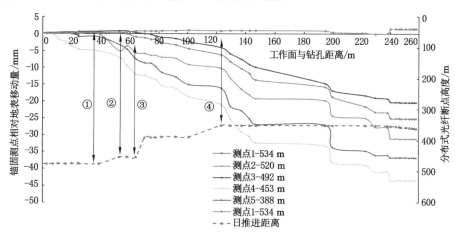

图 4-25　锚固测点位移与分布式光纤断点对应曲线

从对比曲线发现,如果仅从分布式光纤的断点变化曲线判断,工作面推过 LC1 钻孔 123.1 m 后分布式光纤断点高度发展到钻孔深度 351.3 m 处,因此该层位以下覆岩无法继续通过分布式光纤持续监测其后续运动变形状态,而该层位以上覆岩应变基本达到稳定状态;但对钻孔内各层位的位移变化状态持续进行全过程监测,并结合锚固测点位移曲线进行判断,发现当工作面推过 LC1 钻孔 240 m 后,整个上覆岩层运动才趋于稳定。

为了全面掌握采动全过程尤其是采后阶段的覆岩内部运动规律,分布式光纤对于岩层内部的微应变更敏感,易出现断点而无法持续监测,而锚固位移测点的测试方法由于其抗变形能力大而能够实现全过程的持续监测。

4.6 本章小结

对 LC1 岩移孔的导水裂隙带发育高度进行了预计,LC1 钻孔的覆岩导水裂隙带发育高度为 173.95 m,约为采高的 12.4～16.7 倍,预计导水裂隙带高度顶界面均位于安定组上段的亚关键层 4 附近。

将 LC1 钻孔内部监测得到的变形层位与 6 号泄水孔水位变化曲线进行对比,结合覆岩内部变形数据与水位变化数据两者对应变化特征,推断导水裂隙带顶界高度位于亚关键层 4 附近,距煤层顶板高度 186.1～207.9 m。

由 LC1 钻孔内部的分布式光纤断裂特征,在钻孔深度 351.3 m、390.4 m 附近区域测线 1、测线 2 均出现较大拉伸应变,推断在相应的洛河组下部、中部覆岩层位附近出现了离层。

由 LC1 钻孔内多个锚固测点位移数据发现,钻孔深度为 388 m 的测点 5 与深度为 324 m 的测点 6 之间位移差值最大,说明钻孔内部对应此高度区间的覆岩层位下沉变形不同步,即离层发育最大的位置处于洛河组中部(深度为 388 m 与 324 m)的区间之间。

根据 LC1 钻孔内部的分布式光纤应变结果进行判断,工作面推过 LC1 钻孔 123.1 m 后分布式光纤断点高度发展到钻孔深度 351.3 m 处,因此该层位以下覆岩无法继续通过分布式光纤持续监测其后续运动变形状态,而该层位以上覆岩应变基本达到稳定状态;根据 LC1 钻孔内多个锚固测点位移数据进行判断,对钻孔内各层位的位移变化状态持续进行了全过程监测,发现当工作面推过 LC1 钻孔 240 m 后,整个上覆岩层运动才趋于稳定。

采用分布式光纤与多点位移计进行覆岩内部变形的原位监测,并结合相邻钻孔的水位深度测量结果,对覆岩离层的发育规律进行综合分析。两种变形监测数据的结果基本一致,验证了原位监测结果的准确性。

通过原位监测手段研究覆岩离层分布规律,对于及时评判离层发展程度及可能存在的离层突水隐患等具有重要意义。由于离层发育及其分布与其上覆岩层内部关键层结构特征紧密相关,当相应开采条件发生变化后监测结果也可能存在差异,应持续开展更多条件下的原位监测和数据分析工作,以进一步为崔木煤矿离层水害防范提供支撑。

5 全柱状覆岩运动原位监测技术在强矿压治理中的应用

5.1 项目背景

　　大同矿区多个矿井已开始由侏罗系煤层转向石炭系煤层的开采,主采石炭二叠纪 3-5 煤层,与上覆已采侏罗系煤层间距 150～200 m,煤层厚度 11.0～23.6 m,采用综合机械化放顶煤采煤工艺。由于煤层采高大、顶板岩层较为坚硬,且处于上覆侏罗系煤层采空区下的重复开采状态,多个工作面开采过程中频繁出现压架、巷道底鼓破坏、顶板大幅下沉等严重的矿压问题,对矿井的安全高效生产危害极大。研究此类强矿压显现的发生机理,并从中寻求有效的顶板控制对策,是大同矿区亟待解决的技术难题。

　　众所周知,工作面的矿压显现不仅与开采参数有关,还与采动覆岩的结构特征及其运动规律密切相关。因此,有必要对大同矿区石炭系特厚煤层重复开采条件下的覆岩关键层结构形态及其稳定性进行研究,以掌握覆岩关键层破断运移的时空演变特征及其对采场矿压的影响机理,为大同矿区石炭系特厚煤层的安全高效开采提供理论基础。

　　目前,对特厚煤层开采覆岩关键层破断运动规律的研究主要采用理论分析以及实验室模拟实验等手段,此类方法难以准确掌握覆岩整体、尤其是远场关键层的运动规律及其对采场矿压的作用机理,采用传统的顶板控制技术难以保障大同矿区石炭系特厚煤层的安全开采。而地面钻孔内部岩移观测手段为掌握采动覆岩破断运移的时空演变特征提供了新的思路,利用该手段并结合采场矿压和地表移动的联合观测,建立井上下"三位一体"的耦合关系,实现对大同矿区特厚煤层开采覆岩远近场岩层运动对采场矿压作用机制的全面认识,为采场强矿压显现的控制提供基础和依据。

　　因此,选取同忻煤矿石炭系 3-5 煤层 8203 与 8202 开采工作面为试验研究对象,开展覆岩内部岩移、采空区压力的原位监测工作,为矿区强矿压显现的有效控制提供数据支撑。

5.2 工程概况

同忻井田位于大同市西南约 20 km，大同煤田东部，地理坐标为：东经 112°58′29″～113°08′34″、北纬 39°58′32″～40°05′43″。区内有忻州窑、煤峪口、永定庄、同家梁、大斗沟和白洞等大型侏罗系煤层生产矿井，有北羊路、南信庄、南辛庄、银堂沟、槽家窑、郑家岭等村庄，属大同市南郊区管辖。同忻煤矿建于 2008 年，设计生产能力 1 000 万 t/a，于 2011 年开始建成投产。可采煤层为山 4 号煤层、2 号煤层、3-5 号煤层、8 号煤层和 9 号煤层煤，井田资源储量（331＋332＋333）为 14.4 亿 t。井田开拓方式为斜、立混合开拓。

同忻矿 8203 工作面位置及井上下关系如表 5-1 所列。

表 5-1　同忻矿 8203 工作面位置及井上下关系

煤层名称	3-5 号	水平名称	一水平	采区名称	北二盘区
工作面名称	8203	地面标高/m	$\dfrac{1\,313～1\,204}{1\,258.5}$	工作面标高/m	$\dfrac{790～818}{804}$
地面的相对位置		8203 工作面地面位于南郊区郑家岭村南，地形地貌为低山丘陵台地，大部分为黄土覆盖，植被稀少，主要为荒地和耕地；主要沟谷为后沟大沟及支沟，基岩在大沟两侧出露，地面没有建筑物及水体			
回采对地面设施的影响		地面没有建筑物及任何设施，多为荒地及耕地，开采后会产生地面裂缝			
盖山厚度/m		最大 523，最小 386，平均 454.5			
井下位置及四邻采掘情况		井下位于北二盘区东部，为北二盘区首采工作面，东南至二盘区回风大巷，其余三面均为未开拓区			
走向长度/m	$\dfrac{2\,250～2\,213}{2\,231.5}$	倾斜长度/m	200	面积/m²	416 300

同忻矿 8202 工作面位置及井上下关系如表 5-2 所列。

表 5-2　同忻矿 8202 工作面位置及井上下关系

煤层名称	3-5	水平名称	一水平	采区名称	北二盘区
工作面名称	8202	地面标高/m	$\dfrac{1\,192～1\,307}{1\,249.5}$	工作面标高/m	$\dfrac{790～815}{802.5}$

表5-2(续)

煤层名称	3-5	水平名称	一水平	采区名称	北二盘区
地面位置	地面位于南郊区郑家岭村南,地形地貌为低山丘陵台地,大部分为黄土覆盖,植被稀少,主要为荒地及耕地,主要沟谷为后沟及支沟,基岩在大沟两侧出露,地面没有建筑物及水体				
井下位置及四邻采掘情况	北部与西8101工作面相邻,现工作面平均已回采65.6 m。东部为实煤区,南部至北二盘区三条盘区大巷。西部为8203回采工作面采空区,8202工作面上覆为同家梁、永定庄侏罗系各可采煤层采空区。下部14号层到3-5号煤层层间距105~185 m				
回采对地面设施的影响	无影响				
走向长/m	2 184.5	倾向长/m	200	面积/m²	436 900

该工作面煤层情况较稳定,煤层最大厚度为 28.92 m,最小厚度为 13.61 m,平均厚度为 20.58 m。该工作面大部为 1/3 焦煤,黑色,光亮、半亮、暗淡型,裂隙发育,半坚硬,夹矸为泥岩、炭质泥岩。该工作面靠近 5202 巷一侧从回风巷巷帮起算 427~797 m 之间为气煤,最大宽度为 128 m,面积约为 32 551 m²。

5.3 强矿压显现工作面的覆岩内部移动监测数据

5.3.1 8203 工作面覆岩内部移动数据

地面钻孔内部多点位移监测系统是中国矿业大学岩层移动与绿色开采团队专门针对此项目进行研制的,用于监测井下工作面开采后从直接顶到地表整个上覆岩层各个内部层位的位移变化数据,并在地面进行实时显示与存储。系统主要设备清单见表 5-3。

表 5-3 系统设备清单表

序号	产品名称	规格型号	数量	单位
1	大量程拉线位移传感器	定制,量程 20 m	20	个
2	光电绝对值型编码器	WF64-65536	20	个
3	数据采集触摸屏	Wecon	4	个
4	PLC 模块	NA-PLC,485 信号输出	4	个
5	蓄电池	免维护型,容量 200 Ah	10	个
6	高张紧力锚头	定制	20	个

表 5-3(续)

序号	产品名称	规格型号	数量	单位
7	高强度柔性钢丝绳	$\phi 0.6$ mm	8 000	m
8	锚头固定装置	定制	1	套
9	集成控制箱	定制	4	个
10	数据存储组态软件	定制	4	套

8203 工作面内有 4 个地面钻孔,各钻孔平面布置如图 5-1 所示。其中,2# 钻孔为取芯钻孔,其钻孔柱状及关键层位置判别结果如图 5-2 所示。

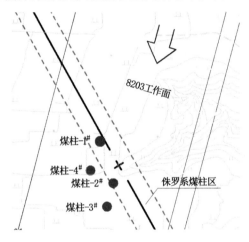

图 5-1　8203 工作面地面钻孔平面布置图

8203 工作面 3# 和 4# 钻孔为内部岩移观测钻孔,每个钻孔内布置了 4 个观测点。由图 5-2 中的关键层位置判别结果可知,3-5 号煤层埋藏深度 501 m,第一层亚关键层为厚度 12.12 m 的粉砂岩,对应深度为 454.14~466.26 m;第二层亚关键层为厚度 9.57 m 的粗砂岩,对应深度为 420.8~430.37 m;第三层亚关键层为厚度 8.58 m 的粉砂岩,对应深度为 395.71~404.29 m;主关键层为厚度 23.27 m 的粗砂岩,对应深度为 362.03~385.29 m;套管深度约为 320 m。

4# 孔内 4 个测点对应的实际深度分别为:1 号测点为 −452 m,2 号测点为 −423 m,3 号测点为 −370 m,4 号测点为 −331 m。

3# 孔内 4 个测点对应的实际深度分别为:1 号测点为 −460 m,2 号测点为 −419 m,3 号测点为 −367 m,4 号测点为 −342 m。

现场测点安装及效果如图 5-3 所示。

层号	厚度/m	埋深/m	岩层岩性	关键层位置	硬岩层位置	备注	岩层图例
46	0.80	316.93	煤层			未采	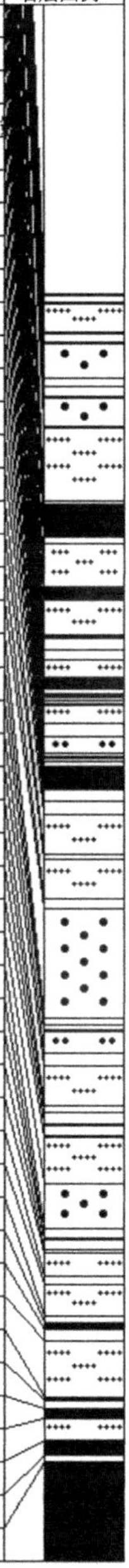
45	0.85	317.78	粉砂岩				
44	0.75	318.53	细砂岩				
43	4.00	322.53	粉砂岩				
42	2.85	325.38	细砂岩				
41	3.60	328.98	中砂岩				
40	1.00	329.98	粉砂岩				
39	0.90	330.88	细砂岩				
38	0.95	331.83	粉砂岩				
37	2.70	334.53	煤层				
36	0.35	334.88	砂质泥岩				
35	1.70	336.58	煤层				
34	2.75	339.33	粗砂岩				
33	2.72	342.05	粗砂岩				
32	8.30	350.35	粉砂岩				
31	1.20	351.55	粗砂岩				
30	8.37	359.92	粉砂岩				
29	2.10	362.02	中砂岩				
28	23.27	385.29	粗砂岩	主关键层	第五层硬岩		
27	1.55	386.84	粗砂岩				
26	1.15	387.99	粉砂岩				
25	4.75	392.74	中砂岩				
24	2.97	395.71	粗砂岩				
23	8.58	404.29	粉砂岩	亚关键层	第四层硬岩		
22	1.30	405.59	细砂岩				
21	2.51	408.10	中砂岩				
20	2.60	410.70	细砂岩				
19	10.10	420.80	粉砂岩		第三层硬岩		
18	9.57	430.37	粗砂岩	亚关键层	第二层硬岩		
17	1.95	432.32	粗砂岩				
16	0.50	432.82	煤层				
15	2.00	434.82	粉砂岩				
14	0.77	435.59	中砂岩				
13	4.86	440.45	粉砂岩				
12	1.90	442.35	粗砂岩				
11	6.55	448.90	粉砂岩				
10	1.36	450.26	砂质泥岩				
9	1.50	451.76	煤层				
8	2.38	454.14	砂质泥岩				
7	12.12	466.26	粉砂岩	亚关键层	第一层硬岩		
6	0.60	466.86	煤层				
5	1.90	468.76	砂质泥岩				
4	1.90	470.66	煤层				
3	4.60	475.26	粉砂岩				
2	3.30	478.56	煤层				
1	1.60	480.16	砂质泥岩				
0	21.02	501.18	煤层				

图 5-2　8203 工作面钻孔柱状及关键层位置判别结果

(a) 放点

(b) 连线

(c) 设备布置

图 5-3　现场测点安装及效果图

于 2015 年 8 月 1 日至 8 月 20 日对 8203 工作面 3# 钻孔、4# 钻孔进行了内部岩层移动测点的安装,3#、4# 钻孔内岩层测点深度分别为 3#:−460 m、−419 m、−367 m、−342 m;4#:−452 m、−423 m、−370 m、−331 m。通过安设于岩层内部测点测得的数据,得到特厚煤层综放开采条件下覆岩各关键层破断先后次序及其回转空间量,同时结合支架压力数据,掌握覆岩各关键层的破断运动对采场矿压的影响规律。同忻矿 8203 面 4# 和 3# 钻孔内部岩移测点下沉变化如图 5-4、图 5-5 所示。

5.3.2　8202 工作面覆岩内部移动数据

在 8202 工作面布置了 3 个内部多点位移地面钻孔,各钻孔平面布置如图 5-6 所示,1# 岩移孔(zk1)距工作面切眼距离为 1 186 m,2# 孔(zk2)距工作面切眼距离为 1 220 m,3# 孔(zk3)距工作面切眼距离为 1 274 m。8202 工作面的钻孔柱状及关键层位置判别结果如图 5-7 所示。

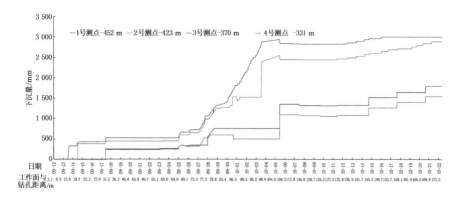

图 5-4 8203 工作面 4# 孔岩移数据

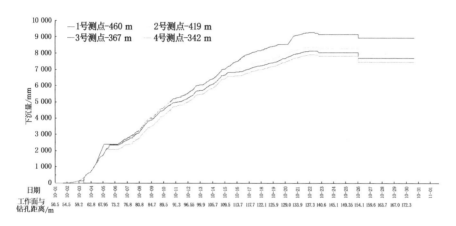

图 5-5 8203 工作面 3# 孔岩移数据

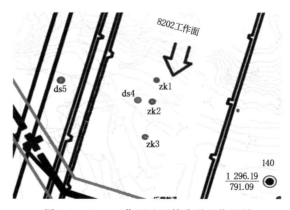

图 5-6 8202 工作面地面钻孔平面位置图

层号	厚度/m	埋深/m	岩层岩性	关键层位置	硬岩层位置	岩层图例
60	82.50	82.50	松散层			
59	1.80	84.30	粉砂岩			
58	20.30	104.60	中砂岩			
57	2.20	106.80	粉砂岩			
56	1.30	108.10	煤层			
55	25.15	133.25	粉砂岩			
54	34.95	168.20	细砂岩	主关键层	第七层硬岩层	
53	0.90	169.10	煤层			
52	1.40	170.50	粉砂岩			
51	0.60	171.10	煤层			
50	7.10	178.20	粉砂岩			
49	0.80	179.00	煤层			
48	33.50	212.50	粉砂岩	亚关键层	第六层硬岩层	
47	2.30	214.80	煤层			
46	23.20	238.00	粉砂岩	亚关键层	第五层硬岩层	
45	3.50	241.50	粗砂岩			
44	5.50	247.00	中砂岩			
43	17.70	264.70	粉砂岩			
42	7.50	272.20	煤层			
41	9.90	282.10	粉砂岩			
40	4.10	286.20	中砂岩			
39	3.10	289.30	煤层			
38	2.00	291.30	砂质泥岩			
37	1.10	292.40	煤层			
36	5.70	298.10	砂质泥岩			
35	11.80	309.90	细砂岩			
34	4.70	314.60	煤层			
33	8.40	323.00	粉砂岩			
32	2.80	325.80	细砂岩			
31	4.40	330.20	砂质泥岩			
30	2.90	333.10	煤层			
29	2.00	335.10	砂质泥岩			
28	4.40	339.50	粗砂岩			
27	15.25	354.75	粉砂岩			
26	1.65	356.40	中砂岩			
25	1.50	357.90	砂质泥岩			
24	39.15	397.05	粗砂岩	亚关键层	第四层硬岩层	
23	6.20	403.25	粉砂岩			
22	3.55	406.80	砂质泥岩			
21	2.25	409.05	细砂岩			
20	4.90	413.95	粗砂岩			
19	1.65	415.60	砂质泥岩			
18	3.50	419.10	细砂岩			
17	1.55	420.65	砂质泥岩			
16	14.10	434.75	粗砂岩		第三层硬岩层	
15	1.35	436.10	中砂岩			
14	0.72	436.82	煤层			
13	12.96	449.78	粉砂岩	亚关键层	第二层硬岩层	
12	3.99	453.77	砂砾岩			
11	2.11	455.88	细砂岩			
10	9.50	465.38	粉砂岩	亚关键层	第一层硬岩层	
9	3.30	468.68	砂质泥岩			
8	2.50	471.18	粉砂岩			
7	3.50	474.68	砂质泥岩			
6	1.40	476.08	煤层			
5	3.90	479.98	粉砂岩			
4	0.80	480.78	煤层			
3	5.00	485.78	砂质泥岩			
2	1.00	486.78	煤层			
1	1.20	487.98	砂质泥岩			
0	15.65	503.63	煤层			

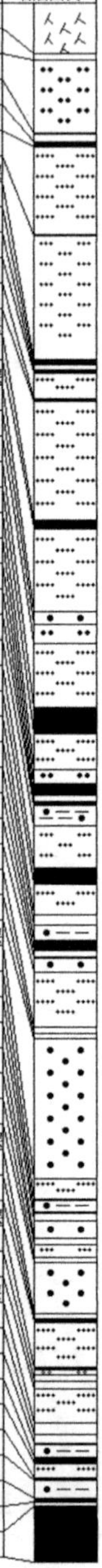

图 5-7　钻孔柱状及关键层位置判别结果

由图 5-7 中的关键层位置判别结果可知,3-5 号煤层埋藏深度 503 m,第一层硬岩层为厚度 9.5 m 的粉砂岩,对应深度为 455.88～465.38 m;第二层硬岩层为厚度 12.96 m 的粉砂岩,对应深度为 436.82～449.78 m;第三层硬岩层为厚度 14.10 m 的粗砂岩,对应深度为 420.65～434.75 m;第四层硬岩层(石炭系主关键层)为厚度 39.15 m 的粗砂岩,对应深度为 357.90～397.05 m;套管深度约为 300 m,内部测点布置在上述硬岩层位置。

2016 年 11 月 29 日开始对岩移钻孔做前期处理工作,围绕钻孔周围进行挖槽砌坑(2 m×1 m×0.8 m),以便后期系统集成箱的安放。2016 年 12 月 7 日完成 2# 岩移钻孔的安装工作,2016 年 12 月 24 日完成 1# 岩移钻孔的安装工作,2016 年 12 月 27 日完成 3# 岩移钻孔的安装工作。

现场测点安装及效果如图 5-8 所示。

图 5-8　同忻矿 8202 工作面地面钻孔现场测点安装及效果图

8202 工作面的 3 个钻孔内部岩移监测结果如图 5-9 所示。

(1) 1# 钻孔内部有 2 个测点。工作面推过 1# 钻孔 61 m 时编号为“钻孔 1-2”的上部测点开始移动,之后编号为“钻孔 1-1”的下部测点开始移动;当工作面推过 1# 钻孔 93 m 时钢丝绳出现错断,此时“钻孔 1-1”测点最大值为 3 417 mm,“钻孔 1-2”测点最大值为 4 686 mm。

(2) 2# 钻孔内部有 3 个测点。工作面推过 2# 钻孔 78 m 时 3 个测点几乎同时运动,相互之间差别较小;当工作面推过 2# 钻孔 135 m 时钢丝绳出现错断,3 个测点最大值为 2 600 mm 左右。

(3) 3# 钻孔内部 1 个测点。工作面推过 3# 钻孔 52 m 时开始运动,位移变化较小,当工作面推过 1# 钻孔 96 m 时钢丝绳出现错断,测点最大值为 3 900 mm。

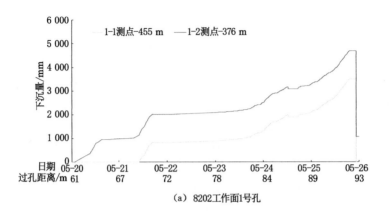

(a) 8202工作面1号孔

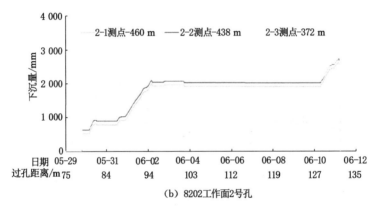

(b) 8202工作面2号孔

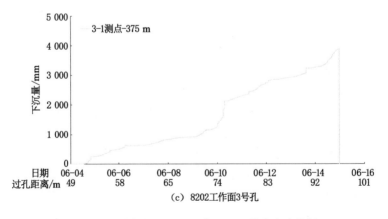

(c) 8202工作面3号孔

图 5-9　同忻矿 8202 工作面地面钻孔岩移数据

8202 工作面的岩移观测数据选取的是岩移开始出现变化到最终钢丝绳出现错断期间的全部数据,$1^\#$～$3^\#$ 钻孔岩移数据变化阶段对应的观测日期跨度为 2017 年 5 月 20 日至 6 月 14 日(3 个钻孔岩移变化阶段时工作面推过相应钻孔的距离分别是 61～93 m、78～135 m、52～96 m)。

8202 工作面上的 3 个钻孔最后都出现钢丝绳错断,而 8203 工作面上的钻孔内部未出现钢丝错断,初步分析原因:8202 工作面为采区内第二个回采工作面,采出范围增大导致上覆岩层在工作面倾向方向影响范围更广、破断更加充分、水平剪切更剧烈,而 8203 工作面为首采面,故上覆岩层水平剪切运动相对较弱,钢丝绳未受到强剪切力而未出现错断;另外,8202 工作面上的地面钻孔布置在老采空区上方,8203 工作面上的地面钻孔布置在煤柱周边,石炭系煤层开采对侏罗系老采空区的岩层运动影响相比较于对煤柱区域的岩层运动影响更为频繁与剧烈。

受 8202 工作面采动影响,8203 工作面上的 $3^\#$、$4^\#$ 钻孔在 8203 工作面开采后出现钻孔上部错断的基础上会进一步闭合进而夹紧钢丝绳,导致钻孔下部测点运动已无法影响上部的钢丝绳运动,钻孔上部与地表同步下沉,故在岩移数据上未体现相应变化。

5.4　本章小结

通过同忻煤矿 8203 工作面覆岩运动原位监测,发现了石炭系与侏罗系层间关键层破断运动与 8203 工作面来压规律的耦合作用关系。实测得到与工作面来压紧密对应的覆岩关键层破断运动,即内部岩层观测到的两次岩移数据跃升,分别对应于覆岩第 1 层亚关键层(KS1)和覆岩第 2、3 层关键层(KS2、KS3)的破断,同时工作面亦发生周期来压。远场关键层破断运动亦会对采场矿压产生影响。

掌握了大同矿区特厚煤层综放开采条件下覆岩关键层运动对采场矿压的作用规律,揭示了充分采动条件下覆岩全地层联合下沉运动规律,揭示了不同层位关键层破断运动与工作面矿压显现之间的对应关系,确定了影响采场矿压显现强度的主控关键层。

6 全柱状覆岩运动规律的综合分析研究案例

在研究覆岩运动时应遵循"全柱状"思想,即包含整个煤系地层中煤层、岩层岩性、层位和厚度等一系列地质信息的全取芯的完整钻孔柱状图,从钻孔全柱状出发研究岩层控制问题。

结合葫芦素矿 21406 工作面进行研究,掌握该工作面全柱状覆岩内部运动规律,通过实验模拟与原位监测相结合的方法,结合关键层理论,对开采过程中上覆岩层运动规律进行研究。通过模拟研究得出葫芦素矿 21406 工作面采动覆岩运动规律,为指导葫芦素矿工程实践提供科学依据。

6.1 试验工作面概况

21406 工作面为四盘区第二个工作面,位于四盘区中部,工作面长 299.6 m,有效推进长度 2 916 m,如图 6-1 所示。21406 工作面地面标高 +1 301～+1 304 m,井下标高 +631.240～+665.496 m,平均埋深约 654 m,倾角为 1°～3°,21406 综采工作面煤厚呈东薄西厚的趋势,探明厚度在 2.8～5.3 m,最厚处位于工作面主切眼位置,厚度约为 5.3 m,最薄处位于工作面停采线附近,厚度约为 2.8 m。工作面采用综合机械化一次采全高采煤工艺,全部垮落法处理采空区顶板,工作面采用正规循环作业方式,即割煤、移架、推移运输机为全过程,双向割煤。生产班每班进刀数为 6 刀,日推进距离约为 10.38 m,推进速度快,属于高强度开采。

6.2 全柱状覆岩力学测试

根据葫芦素矿 21406 工作面上覆岩层取芯的岩样(图 6-2),按照《煤和演示物理力学性质测定方法 第 1 部分:采样一般规定》(GB/T 23561.1—2024)标准对取芯岩样进行加工获得若干试件,如图 6-3 所示。将加工后的各类试件分别进行单轴压缩实验、巴西劈裂实验、抗剪强度实验,单轴压缩实验与巴西劈裂实验采用 MTS C64.106/1000 kN 电液伺服万能试验机[图 6-4(a)]进行试样参

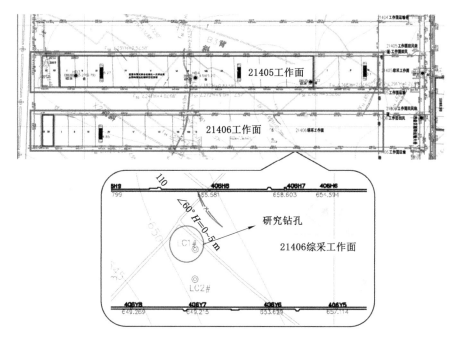

图 6-1　21405、21406 工作面相对位置图

数测试;抗剪强度实验采用 SANS CMT5305 电子万能试验机[图 6-4(b)]进行
试样参数测试。

图 6-2　21406 工作面覆岩取芯岩样

（a）单轴压缩、巴西劈裂实验试件（一）　　（b）单轴压缩、巴西劈裂实验试件（二）

（c）剪切强度实验试件（一）　　　　　（d）剪切强度实验试件（二）

图 6-3　部分加工岩样试件

图 6-3(a)与(b)中，左侧盘中的试件规格为 50 mm×25 mm，右侧盘中的试件规格为 50 mm×100 mm；(c)与(d)中，盘中的试件规格为 50 mm×50 mm。由于加工过程中存在一定的误差，试件实际尺寸与试件的规格均存在一定的偏差。

（a）MTS电液伺服万能试验机　　　　　（b）SANS电子万能试验机

图 6-4　力学测试仪器设备

将 21406 工作面上覆岩层的取芯岩样进行加工，并将成品试件送至煤炭精细勘探与智能开发全国重点实验室进行岩石力学参数测试工作，得到了各种岩性的单轴抗压强度、单轴抗拉强度、单轴抗剪强度、弹性模量、泊松比、黏聚力和内摩擦角等重要参数（表 6-1），掌握了葫芦素矿 21406 工作面上覆岩层的力学性质。

表 6-1 21406 工作面上覆岩层各岩性岩力学参数

岩类	单轴抗压强度/MPa	单轴抗拉强度/MPa	单轴剪切强度/MPa	弹性模量/GPa	泊松比	黏聚力/MPa	内摩擦角/(°)
细砂岩	16.59~34.28 / 23.97	0.78~2.70 / 1.50	2.94~9.72 / 6.28	2.32~6.46 / 3.80	0.26~0.27 / 0.26	1.45~4.94 / 2.58	36.91~49.90 / 45.32
中砂岩	12.86~31.25 / 19.23	0.46~1.85 / 1.17	1.95~12.68 / 4.79	2.17~5.13 / 6.61	0.16~0.43 / 0.30	1.18~3.72 / 2.07	36.24~45.14 / 41.97
粉砂岩	30.87~51.25 / 38.50	2.87~6.51 / 4.11	8.47~13.06 / 10.69	3.69~7.45 / 5.30	0.13~0.19 / 0.16	4.77~7.88 / 6.32	28.86~40.54 / 34.70
砂质泥岩	28.51~58.76 / 39.31	3.92~6.05 / 5.03	8.88~14.26 / 11.47	4.23~6.84 / 5.34	0.15~0.20 / 0.18	*	*
泥岩	30.69~32.78 / 31.73	2.54~5.22 / 4.14	2.61~8.43 / 5.85	3.78~4.36 / 4.07	—	—	—

说明："*"表示数据异常，故未放入表中；"—"表示缺少相应规格的试件，没能进行相应的测试实验。表中每一项参数分为两行，第一行数据为各岩性力学参数的范围（最小值~最大值），第二行数据为各岩性力学参数的平均值。

6.3 全柱状覆岩运动的数值模拟

6.3.1 全柱状覆岩关键层判别

根据葫芦素矿 21406 工作面测井结果,并基于关键层判别方法[70],采用中国矿业大学岩层移动与绿色开采团队研发的覆岩关键层判别软件——KSPB(V5.0)对 21406 工作面上覆岩层进行关键层的判别。判别结果如图 6-5 所示。

6.3.2 全柱状数值模拟方案

为了掌握葫芦素矿 21406 工作面覆岩运动规律,使用 3DEC(3 Dimension Distinct Element Code)(V5.2)软件进行数值模拟,该软件基于离散单元法描述离散介质并进行力学计算,采用有限差分方法,可以对接触面的非连续力学行为进行模拟。

由覆岩关键层判别软件 KSPB(V5.0)的判别结果可知,葫芦素矿 21406 工作面的上覆岩层、煤层和底板岩层共有 99 层,其中包含 9 层关键层(1 层主关键层、8 层亚关键层),根据图 6-5 可以掌握各关键层的位置。由于第 6 层亚关键层与第 7 层亚关键层相邻,因此将两层亚关键层简化为为一层较厚的亚关键层。

除关键层外,其他岩层数量过多,仍需进行一定的简化,以便于更好地进行数值模拟。最终将 99 层简化为 43 层,其中包含表土层、基岩、主关键层、亚关键层、软岩、煤层和底板岩层,岩层简化结果如图 6-6 所示。

由葫芦素矿 21406 工作面 2021 年 10 月 8 日采掘工程平面图可知,21406 工作面距离停采线 1 280.67 m,距离 LC1#、LC2# 钻孔 367.54 m,此外,停采线距离大巷 282.37 m。根据 2.1 节工作面概况中工作面的相关信息,可知 21406 工作面煤层厚度为 2.8~5.3 m,故分别建立 3 m、4 m、5 m 三种不同煤层厚度的模型 1、模型 2、模型 3(表 6-2),以模拟该工作面在不同煤层厚度开采段内上覆岩层运动状态。

结合四盘区各工作面采掘接替情况,分别建立 250 m、300 m、350 m 三种不同工作面宽度的模型 4、模型 5、模型 6(表 6-3),以模拟该盘区在不同工作面宽度条件下上覆岩层运动状态。其中,250 m 工作面宽度模型对应 21405 工作面与 21406 工作面间未回采的宽煤柱;300 m 工作面宽度模型对应 21406 工作面;350 m 工作面宽度模型对应 21406 工作面回采结束后跳采接替的 21404 工作面。

层号	厚度/m	埋深/m	岩层岩性	关键层位置	岩层图例
98	51.55	51.55	松散层		
97	5.00	56.55	细砂岩		
96	1.80	58.35	粉砂岩		
95	3.45	61.80	细砂岩		
94	1.40	63.20	粉砂岩		
93	3.15	66.35	细砂岩		
92	3.30	69.65	粉砂岩		
91	6.40	76.05	细砂岩		
90	1.05	77.10	粉砂岩		
89	4.10	81.20	细砂岩		
88	1.70	82.90	粉砂岩		
87	10.30	93.20	细砂岩		
86	1.75	94.95	粉砂岩		
85	5.75	100.70	中砂岩		
84	16.50	117.20	细砂岩		
83	16.60	133.80	中砂岩		
82	1.10	134.90	粉砂岩		
81	19.90	154.80	中砂岩	主关键层	
80	4.15	158.95	细砂岩		
79	1.55	160.50	中砂岩		
78	11.65	172.15	细砂岩		
77	6.67	178.82	细砂岩		
76	21.33	200.15	细砂岩	亚关键层	
75	16.90	217.05	中砂岩		
74	3.40	220.45	粉砂岩		
73	19.65	240.10	细砂岩	亚关键层	
72	15.75	255.85	细砂岩	亚关键层	
71	7.05	262.90	粉砂岩		
70	10.85	273.75	细砂岩		
69	7.10	280.85	粉砂岩		
68	7.45	288.30	细砂岩		
67	10.45	298.75	中砂岩		
66	16.05	314.80	细砂岩		
65	9.00	323.80	中砂岩		
64	2.20	326.00	细砂岩		
63	1.15	327.15	细砂岩		
62	12.05	339.20	细砂岩		
61	23.15	362.35	中砂岩		
60	18.20	380.55	细砂岩	亚关键层	
59	2.85	383.40	中砂岩		
58	5.10	388.50	粉砂岩		
57	7.50	396.00	细砂岩		
56	4.50	400.50	粉砂岩		
55	1.70	402.20	中砂岩		
54	3.70	405.90	砂质泥岩		
53	1.35	407.25	细砂岩		
52	4.10	411.35	砂质泥岩		
51	2.50	413.85	粉砂岩		
50	1.25	415.10	中砂岩		

(a) 柱状上半段

层号	厚度/m	埋深/m	岩层岩性	关键层位置	岩层图例
50	1.25	415.10	中砂岩		
49	1.80	416.90	粉砂岩		
48	6.85	423.75	砂质泥岩		
47	0.85	424.60	细砂岩		
46	3.25	427.85	砂质泥岩		
45	1.05	428.90	细砂岩		
44	9.65	438.55	粉砂岩		
43	1.45	440.00	细砂岩		
42	1.25	441.25	粉砂岩		
41	7.65	448.90	细砂岩		
40	2.00	450.90	砂质泥岩		
39	1.70	452.60	细砂岩		
38	12.05	464.65	砂质泥岩		
37	12.80	477.45	中砂岩	亚关键层	
36	0.80	478.25	粉砂岩		
35	4.65	482.90	细砂岩		
34	2.95	485.85	砂质泥岩		
33	1.45	487.30	中砂岩		
32	1.90	489.20	粉砂岩		
31	2.45	491.65	细砂岩		
30	10.85	502.50	中砂岩		
29	9.20	511.70	细砂岩		
28	4.30	516.00	粉砂岩		
27	1.00	517.00	细砂岩		
26	1.85	518.85	粉砂岩		
25	0.90	519.75	细砂岩		
24	1.30	521.05	粉砂岩		
23	10.25	531.30	砂质泥岩		
22	7.95	539.25	砂质泥岩		
21	11.85	551.10	砂质泥岩		
20	2.10	553.20	砂质泥岩		
19	15.85	569.05	细砂岩		
18	2.90	571.95	粉砂岩		
17	15.95	587.90	细砂岩	亚关键层	
16	8.55	596.45	砂质泥岩		
15	1.75	598.20	粉砂岩		
14	1.90	600.10	砂质泥岩		
13	13.05	613.15	粉砂岩	亚关键层	
12	4.35	617.50	砂质泥岩		
11	2.35	619.85	中砂岩		
10	0.55	620.40	泥岩		
9	11.30	631.70	中砂岩	亚关键层	
8	1.03	632.73	泥岩		
7	0.55	633.28	煤层		
6	0.52	633.80	泥岩		
5	2.80	636.60	细砂岩		
4	2.90	639.50	砂质泥岩		
3	2.70	642.20	细砂岩		
2	2.40	644.60	砂质泥岩		
1	3.14	647.74	细砂岩		
0	5.00	652.74	2-1煤层		

(b) 柱状下半段

图 6-5 21406 工作面覆岩关键层判别柱状图

模型 1～6 分为 43 层,各岩层位置与图 6-6 相同。在工作面倾向两侧各留设 250 m 煤柱,工作面走向长度按照 1 000 m 进行模拟,从距离 LC1# 钻孔 500 m 处开挖,开挖经过 LC1# 钻孔 500 m 到达停采线时结束,停采线一侧与开切眼一侧各留设 300 m 煤柱,如图 6-7 所示。

表土层
基岩
主关键层
软岩(含2层)
第七层亚关键层
软岩(含1层)
第六层亚关键层
软岩(含7层)
第五层亚关键层
软岩(含8层)
第四层亚关键层
软岩(含8层)
第三层亚关键层
软岩(含1层)
第二层亚关键层
软岩(含1层)
第一层亚关键层
软岩(含3层)
煤层
底板

图 6-6 21406 工作面上覆岩层简化图

表 6-2 不同煤层厚度的模型尺寸参数

参数	模型 1	模型 2	模型 3
煤层厚度/m	3	4	5
模型规格/m	800×1 600×656.74	800×1 600×657.74	800×1 600×658.74
工作面走向长度/m	1 000		
工作面宽度/m	300		
开切眼、停采线侧煤柱宽度/m	300		
工作面两侧煤柱宽度/m	250		

表 6-3 不同工作面宽度的模型尺寸参数

参数	模型 4	模型 5	模型 6
工作面宽度/m	250	300	350
模型规格/m	800×1 600×658.74	800×1 600×658.74	800×1 600×658.74
工作面走向长度/m	1 000		
煤层厚度/m	5		
开切眼、停采线侧煤柱宽度/m	300		
工作面两侧煤柱宽度/m	250		

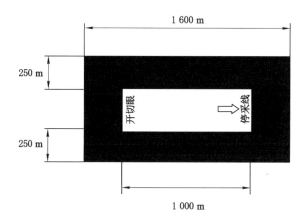

图 6-7 各模型煤层开挖示意图

为了监测各关键层的运动状态,在模型 1～6 的 LC1$^{\#}$ 钻孔内部不同关键层层位布置位移、应力监测测点(图 6-8),沿模型 x 轴方向中心处,于各关键层底部 LC1$^{\#}$ 钻孔相应位置处布置,各测点监测该点处的 z 方向的位移与 z 方向的应力。

对模型 1、模型 2、模型 3 三种方案进行建模,如图 6-9 所示,根据工作面覆岩简化结果,结合岩样物理力学参数测试结果,设置各岩层的力学参数(表 6-4),模型 1、模型 2、模型 3 之间仅煤层厚度不同,其余参数相同。模型 4、模型 5、模型 6 在模型 3 的基础上,仅开挖时设置的工作面宽度不同,其余参数相同。

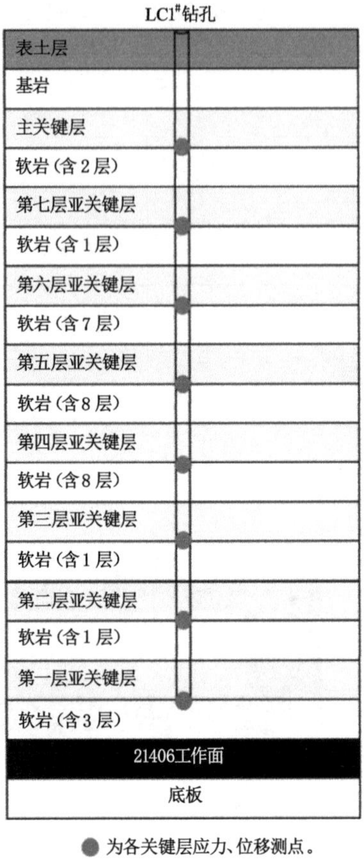

LC1#钻孔

表土层
基岩
主关键层
软岩（含2层）
第七层亚关键层
软岩（含1层）
第六层亚关键层
软岩（含7层）
第五层亚关键层
软岩（含8层）
第四层亚关键层
软岩（含8层）
第三层亚关键层
软岩（含1层）
第二层亚关键层
软岩（含1层）
第一层亚关键层
软岩（含3层）
21406工作面
底板

● 为各关键层应力、位移测点。

图 6-8　测点布置示意图

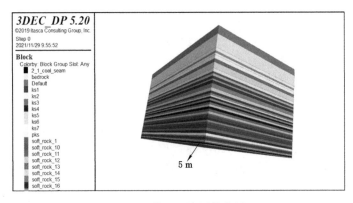

图 6-9　模型3岩层简化图

表 6-4　模型岩层力学参数

岩层岩性	岩层厚度/m	密度/(kg/m³)	体积模量/GPa	剪切模量/GPa	抗拉强度/MPa	摩擦角/(°)	黏聚力/MPa	泊松比
松散层	51.55	1 837	0.04	0.05	0.10	30	0.50	—
基岩	83.35	2 551	2.78	2.08	4.00	40	2.00	—
中砂岩(pks)	19.90	2 207	0.49	2.34	1.17	42	2.07	0.30
细砂岩(ks7)	21.33	2 102	0.60	2.40	1.50	45	2.58	0.26
中砂岩(ks6)	35.40	2 207	0.49	2.34	1.17	42	2.07	0.30
细砂岩(ks5)	18.20	2 102	0.60	2.40	1.50	45	2.58	0.26
中砂岩(ks4)	12.80	2 207	0.49	2.34	1.17	42	2.07	0.30
细砂岩(ks3)	15.95	2 102	0.60	2.40	1.50	45	2.58	0.26
粉砂岩(ks2)	13.05	2 001	0.53	2.12	1.31	35	6.32	0.26
中砂岩(ks1)	11.30	2 207	0.49	2.34	1.17	42	2.07	0.30
2-1 煤层	同各模型	1 429	0.22	0.17	0.50	36	5.00	—
软岩	*	2 001	1.11	0.83	0.60	35	2.00	—
底板岩层	6.00							

说明:pks 表示主关键层,ks1～ks7 表示亚关键层,由于仅考虑煤层上覆岩层运动情况,因此忽略底板岩层参数设置,仅设置其厚度以便划块区分;"＊"表示各层位的软岩层厚不同。

6.3.3　全柱状覆岩运动的数值模拟结果分析

为了掌握各模型受采动影响下的覆岩运动规律,以钻孔位置为参照,将观察区域分为工作面推进至钻孔前方 200 m 范围内与工作面推进至钻孔后方 200 m 范围内,每隔 50 m 记录一次位移云图,直至煤层开挖至钻孔后方 200 m 位置处进行最后一次记录。在不同模型中,钻孔仅为推进距离的参照物,并未在模型中建立实际钻孔,因此模型中钻孔参照位置处的覆岩运动状态可能与实际情况略有差异。此外,通过云图对关键层下方离层裂隙观察时发现,虽然部分关键层下方离层裂隙不明显,但放大后进行测量发现,仍存在 0.1～0.2 m 的离层裂隙厚度,在数值模拟中均属于正常现象,后续不再赘述。

6.3.3.1　模型 1 覆岩运动过程分析

(1)模型 1 位移云图模拟情况

如图 6-10 所示,在超前钻孔位置 200 m 范围内,钻孔位置处各关键层下方未见明显离层裂隙;当工作面推进至钻孔位置处时,采空区内第一层亚关键层下方存在离层裂隙,此时并未发育至钻孔位置处。

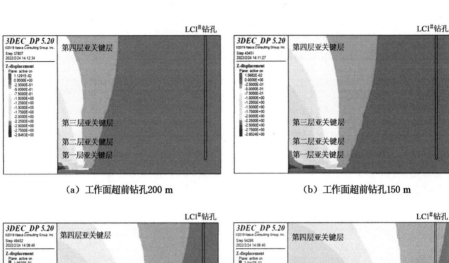

（a）工作面超前钻孔200 m　　　　（b）工作面超前钻孔150 m

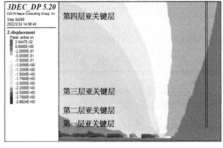

（c）工作面超前钻孔100 m　　　　（d）工作面超前钻孔50 m

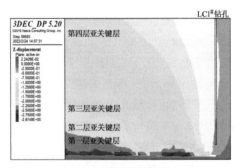

（e）工作面位于钻孔位置

图 6-10　模型1工作面推进至钻孔前方200 m范围内走向位移云图

　　如图 6-11 所示，当工作面推进至钻孔后方 50 m 时，钻孔位置处第一层亚关键层下方最大离层裂隙厚度约为 0.1 m；第二层亚关键层至第四层亚关键层下方未见明显离层裂隙。

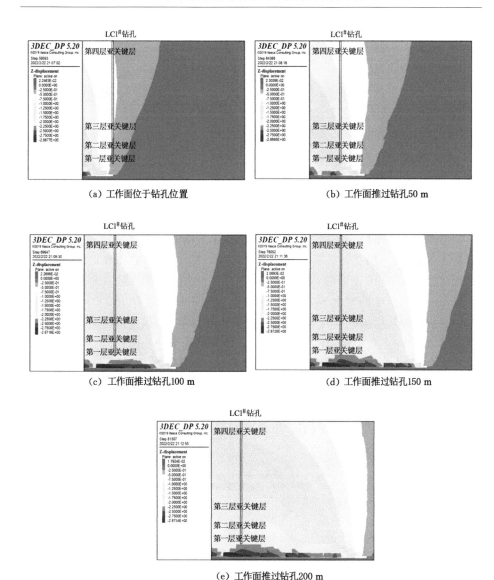

（a）工作面位于钻孔位置　　　　　　（b）工作面推过钻孔50 m

（c）工作面推过钻孔100 m　　　　　　（d）工作面推过钻孔150 m

（e）工作面推过钻孔200 m

图 6-11　模型 1 工作面推进至钻孔后方 200 m 范围内走向位移云图

　　当工作面推进至钻孔后方 100 m 时,第一层亚关键层下原离层裂隙闭合,新生离层裂隙继续增大,最大离层裂隙厚度约为 0.6 m;第二层亚关键层下钻孔附近产生微小的离层裂隙,离层厚度约为 0.1 m;第三层亚关键层至第四层亚关键层下方未见明显离层裂隙。

当工作面推进至钻孔后方 150 m 时,第一层亚关键层下原离层裂隙趋于闭合,最大离层裂隙厚度约为 0.2 m;受采动影响,第二层亚关键层下钻孔位置附近离层裂隙闭合;第三层亚关键层至第四层亚关键层下方仍未见明显离层裂隙。

当工作面推进至钻孔后方 200 m 时,第一层亚关键层下钻孔位置附近离层裂隙保持稳定,最大离层裂隙厚度约为 0.2 m;第二层亚关键层至第四层亚关键层下方钻孔位置附近仍未见明显离层裂隙。

(2) 模型 1 各关键层测点监测数据

如图 6-12 所示,当推进至距离钻孔 450 m 时,主关键层开始产生微小的位移,直至推进至距离钻孔 65 m 位置处时,第一层亚关键层至主关键层均产生明显位移;当推进至距离钻孔 65 m 位置处时,受上覆岩层弯曲下沉的影响,第一层亚关键层至第三层亚关键层开始产生小幅度弯曲变形;在 −65~−20 m 推进距离范围内,第一层亚关键层至第三层亚关键层相对稳定;在工作面继续推进至距离钻孔位置 20 m 左右时,第一层亚关键层发生破断,第二层亚关键层至主关键层发生不同程度的弯曲下沉;当工作面推进至钻孔位置后方约 30 m 处时,第二层亚关键层发生破断,第三层亚关键层发生轻微破断,载荷传递至第一层亚关键层后,致使测点处位移进一步增大;当工作面推进至钻孔位置后方 75~100 m 的范围内时,第三层亚关键层破断裂隙增大,载荷逐层传递,致使第二层亚关键层与第一层亚关键层测点位移进一步增大;在钻孔后方约 100 m 至钻孔后方约 155 m 的推进距离范围内,上位关键层弯曲下沉使得下位关键层进一步压实,第一层亚关键层位移缓慢增加,第二层亚关键层至第三层亚关键层位移先减小后增大;随着工作面持续向前推进,各关键层测点位置处位移趋于稳定。

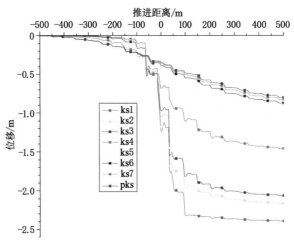

图 6-12 模型 1 的推进距离-位移曲线图

如图 6-13 所示,当工作面推进至距离钻孔 70 m 的位置时,第一层亚关键层至第三层亚关键层产生弯曲,此时应力达到峰值,在随后的 5 m 推进距离范围内小幅度卸压;在 −65～−20 m 推进距离范围内,第一层亚关键层至第三层亚关键层测点位置处的应力降低后小幅增加,待工作面继续向前推进至距离钻孔 20 m 位置处时,出现明显的断裂,测点位置处发生急剧卸压;此时,第四层亚关键层至主关键层测点位置处应力缓慢降低,未见明显急剧卸压线段;当工作面推过钻孔后方 30 m 位置处时,第二层亚关键层至第三层亚关键层测点位置处卸压至 0 MPa 左右。总体来看,第一层亚关键层至第三层亚关键层位移较大,为 2.05～2.35 m,而第四层亚关键层至主关键层位移较小,均未超过 1.4 m,且位移增幅较缓,未见急剧增加线段。

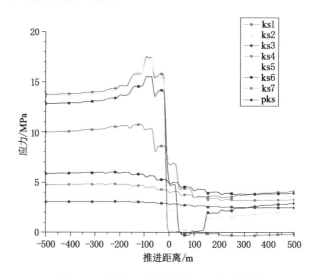

图 6-13　模型 1 的推进距离-应力曲线图

结合位移-推进距离曲线图(图 6-12)与应力-推进距离曲线图(图 6-13)分析得出,第一层亚关键层至第三层亚关键层测点应力均存在急剧卸压区段且伴随着测点位移急剧增加,进一步说明关键层发生破断;而第四层亚关键层至主关键层测点应力降低速率缓慢且最低应力远高于 0 MPa,位移缓慢增加且未见明显激增区段,说明第四层亚关键层至主关键层仅发生了不同程度的弯曲下沉,未发生明显的破断。

6.3.3.2　模型 2 覆岩运动过程分析

(1)模型 2 位移云图模拟情况

随着煤层厚度的增加,模型 2(4 m 煤层厚度)在超前钻孔位置 200 m 范围内,钻孔位置处各关键层下方仍未见明显离层裂隙,如图 6-15 所示。

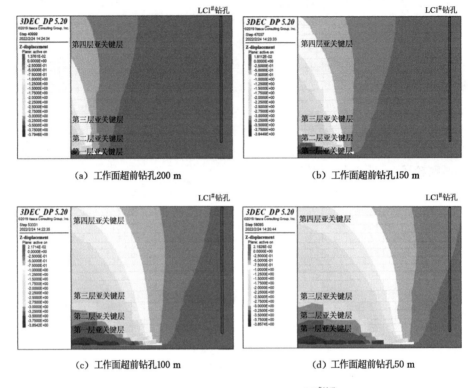

（a）工作面超前钻孔200 m   （b）工作面超前钻孔150 m

（c）工作面超前钻孔100 m   （d）工作面超前钻孔50 m

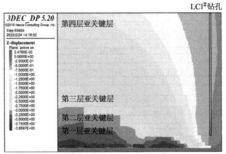

（e）工作面位于钻孔位置

图 6-14　模型 2 工作面推进至钻孔前方 200 m 范围内走向位移云图

如图 6-15 所示,当工作面推进至钻孔后方 50 m 时,第一层亚关键层下钻孔位置附近最大离层裂隙厚度约为 0.5 m;第二层亚关键层至第四层亚关键层下方钻孔位置处未见明显离层裂隙。

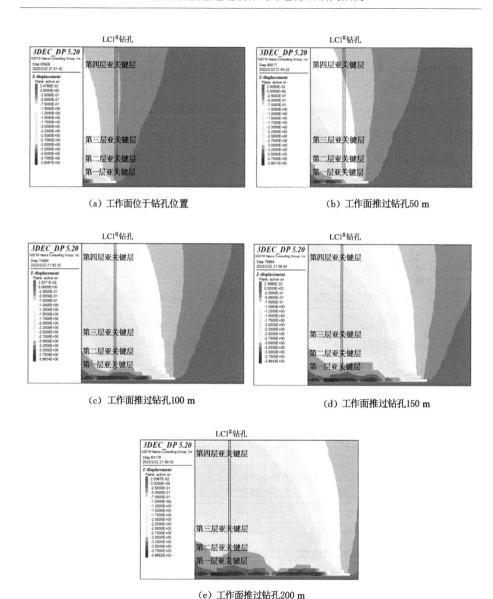

（a）工作面位于钻孔位置　　　　　　（b）工作面推过钻孔50 m

（c）工作面推过钻孔100 m　　　　　　（d）工作面推过钻孔150 m

（e）工作面推过钻孔200 m

图 6-15　模型 2 工作面推进至钻孔后方 200 m 范围内走向位移云图

当工作面推进至钻孔后方 100 m 时,第一层亚关键层下离层裂隙增大,最大离层裂隙厚度约为 1 m;第二层亚关键层下钻孔位置附近离层裂隙厚度约为 0.3 m;第三层亚关键层下钻孔位置附近离层裂隙厚度约为 0.5 m;第四层亚关键层下方未见明显离层裂隙。

当工作面推进至钻孔后方 150 m 时，第一层亚关键层下原离层裂隙略微闭合，钻孔位置附近离层裂隙厚度约为 0.2 m；第二层亚关键层下钻孔位置附近离层裂隙趋于闭合，离层裂隙厚度约为 0.1 m；第三层亚关键层下离层裂隙略微增大，其走向长度约为 102 m，最大离层裂隙厚度基本不变，仍为 0.5 m 左右；第四层亚关键层下方未见明显离层裂隙。

当工作面推进至钻孔后方 200 m 时，第一层亚关键层至第二层亚关键层下钻孔位置附近离层裂隙闭合；第三层亚关键层下钻孔位置附近离层裂隙略微闭合，离层裂隙厚度约为 0.2 m；第四层亚关键层下方未见明显离层裂隙。

(2) 模型 2 各关键层测点监测数据

如图 6-16 所示，当推进至距离钻孔 440 m 时，主关键层开始产生微小的位移，直至推进至距离钻孔 45 m 位置处时，第一层亚关键层至主关键层均产生明显的位移；当推进至距离钻孔 45 m 位置处时，第一层亚关键层至第三层亚关键层产生小幅度弯曲变形，在随后 50 m 推进距离范围内，第一层亚关键层至第三层亚关键层相对稳定；在工作面继续推进至钻孔后方约 5 m 位置处时，第一层亚关键层发生破断，第二层亚关键层至主关键层发生不同程度的弯曲下沉；当工作面推进至钻孔位置后方约 55 m 处时，第二层亚关键层发生破断，第三层亚关键层发生轻微破断，载荷传递至第一层亚关键层后，致使测点处位移进一步增大；当工作面推进至钻孔位置后方约 100 m 处时，第三层亚关键层破断裂隙开始增大，载荷逐层传递，致使第二层亚关键层与第一层亚关键层位移进一步增大；在钻孔后方约 120 m 至钻孔后方约 165 m 推进距离范围内，上位关键层弯曲下沉使得下位关键层进一步压实，第一层亚关键层至第三层亚关键层位移先减小后增大；各关键层测点位移随着工作面持续向前推进逐渐趋于稳定。

如图 6-17 所示，当工作面推进至距离钻孔 50 m 的位置时，第一层亚关键层至第三层亚关键层开始产生弯曲，此时应力达到峰值，在随后的 5 m 推进距离范围内小幅度卸压；在推进至距离钻孔位置前方 45 m 至钻孔位置后方约 5 m 的范围内，第一层亚关键层至第三层亚关键层测点位置处的应力小幅度降低后相对稳定；当工作面推过钻孔位置后方约 5 m 位置处时，第一层亚关键层至第三层亚关键层测点位置处急剧卸压，但第二层亚关键层与第三层亚关键层此时未卸压至 0 MPa；当工作面推进至钻孔位置后方约 55 m 处时，第四层亚关键层大幅度弯曲下沉，致使第三层亚关键层轻微破断，第二层亚关键层破断，测点位置处卸压后应力均接近 0 MPa；此时，第四层亚关键层至主关键层测点位置处应力小幅度降低且远大于 0 MPa。

总体来看，第一层亚关键层至第三层亚关键层位移较大，为 2.8～3.3 m，而第四层亚关键层至主关键层位移较小，均未超过 1.8 m，且位移增幅较缓，未见

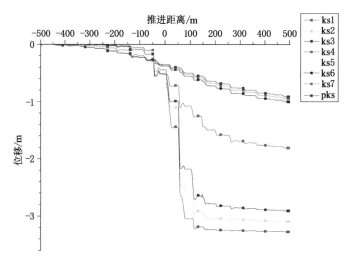

图 6-16　模型 2 的推进距离-位移曲线图

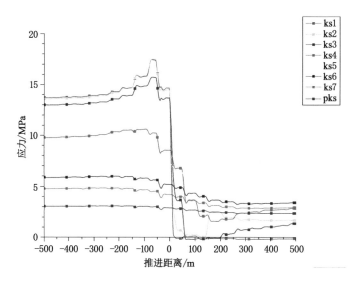

图 6-17　模型 2 的推进距-应力曲线图

急剧增加线段。此外,第一层亚关键层至第三层亚关键层测点应力均卸压至
0 MPa 左右,进一步说明第一层亚关键层至第三层亚关键层发生破断,而第四
层亚关键层至主关键层测点应力降低速率缓慢且最低应力远高于 0 MPa,说明
第四层亚关键层至主关键层仅发生了不同程度的弯曲下沉,未发生明显的破断。

6.3.3.3 模型3覆岩运动过程分析

（1）模型3位移云图模拟情况

同模型1、模型2，随着煤层厚度增大，在超前钻孔位置200 m范围内，各关键层下方离层裂隙未发育至钻孔位置附近，如图6-18所示。

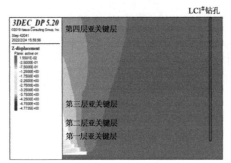

（a）工作面超前钻孔200 m

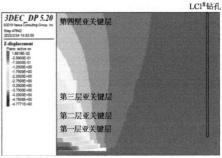

（b）工作面超前钻孔150 m

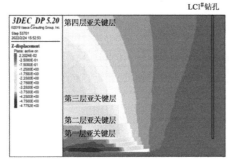

（c）工作面超前钻孔100 m

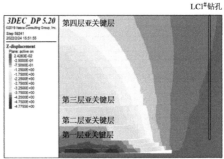

（d）工作面超前钻孔50 m

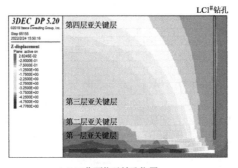

（e）工作面位于钻孔位置

图6-18 模型3工作面推进至钻孔前方200 m范围内走向位移云图

如图 6-19 所示,当工作面推进至钻孔后方 50 m 时,第一层亚关键层下钻孔位置附近最大离层裂隙厚度约为 1.1 m;第二层亚关键层至第四层亚关键层下方钻孔位置附近未见明显离层裂隙。

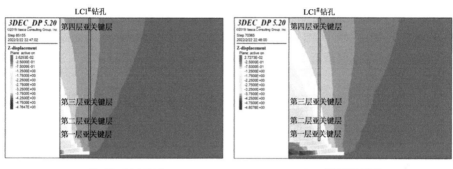

（a）工作面位于钻孔位置   （b）工作面推过钻孔50 m

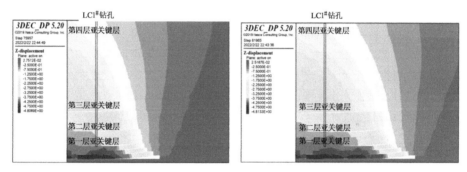

（c）工作面推过钻孔100 m   （d）工作面推过钻孔150 m

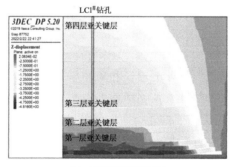

（e）工作面推过钻孔200 m

图 6-19　模型 3 工作面推进至钻孔后方 200 m 范围内走向位移云图

当工作面推进至钻孔后方 100 m 时,第一层亚关键层下钻孔位置附近离层裂隙趋于闭合,离层裂隙厚度约为 0.2 m;第二层亚关键层下钻孔位置附近离层裂隙厚度约为 0.8 m;第三层亚关键层下最大离层裂隙厚度约为 1.1 m;第四层亚关键层下方未见明显离层裂隙。

当工作面推进至钻孔后方 150 m 时,第一层亚关键层下方钻孔位置附近离层裂隙闭合;第二层亚关键层下钻孔位置附近离层裂隙厚度约为 0.1 m;第三层亚关键层下钻孔位置附近最大离层裂隙厚度约为 1 m;第四层亚关键层下方未见明显离层裂隙。

当工作面推进至钻孔后方 200 m 时,第一层亚关键层与第二层亚关键层下钻孔位置附近离层裂隙均闭合;第三层亚关键层下钻孔位置附近离层裂隙厚度约为 0.9 m;第四层亚关键层下方未见明显离层裂隙。

与模型 1、模型 2 相比,当煤层厚度增加至 5 m 后,第三层亚关键层下方离层厚度明显增大。

(2) 模型 3 各关键层测点监测数据

如图 6-20 所示,当推进至距离钻孔 435 m 时,主关键层开始产生微小的位移,直至推进至距离钻孔约 55 m 位置处时,第一层亚关键层至主关键层均产生明显位移;当推进至距离钻孔 55 m 位置处时,第一层亚关键层至第三层亚关键层产生小幅度弯曲变形,在随后 55 m 推进距离范围内,第一层亚关键层至第三层亚关键层相对稳定;在工作面继续推进至钻孔位置处时,第一层亚关键层发生破断,第二层亚关键层至主关键层发生不同程度的弯曲下沉;当工作面推进至钻孔位置后方约 40 m 处时,第四层亚关键层弯曲下沉致使第二层亚关键层发生破断,第三层亚关键层发生轻微破断,载荷传递至第一层亚关键层后,第一层亚关键层至第三层亚关键层测点位置处位移均增大;当工作面推进至钻孔位置后方约 95 m 处时,第三层亚关键层破断裂隙开始增大,载荷逐层传递,致使第二层亚关键层与第一层亚关键层位移进一步增大;在钻孔后方约 105 m 至钻孔后方约 160 m 的推进距离范围内,上位关键层弯曲下沉使得下位关键层进一步压实,第一层亚关键层至第二层亚关键层相对稳定,略微增大,第三层亚关键层位移先减小后增大;各关键层测点位移随着工作面持续向前推进逐渐趋于稳定。

如图 6-21 所示,当工作面推进至距离钻孔 60 m 的位置时,第一层亚关键层至第三层亚关键层产生弯曲,此时应力达到峰值,在随后的 5 m 推进距离范围内小幅度卸压;在 −55 m 至 0 m 的推进距离范围内,第一层亚关键层至第三层亚关键层测点位置处的应力相对稳定;待工作面继续向前推进至钻孔位置处时,出现明显的断裂,应力急剧释放,此时,第二层亚关键层与第三层亚关键层测点位置处应力并未降低至 0 MPa,第四层亚关键层至主关键层测点位置处应力缓

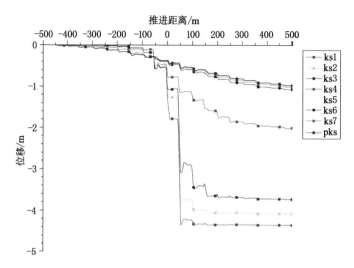

图 6-20　模型 3 的推进距离-位移曲线图

慢降低,未见明显急剧卸压线段;当工作面推进至钻孔后方约 40 m 处时,第四层亚关键层大幅度弯曲下沉,测点处应力小幅度降低,与此同时,第二层亚关键层与第三层亚关键层测点处应力随之降低至 0 MPa 左右。

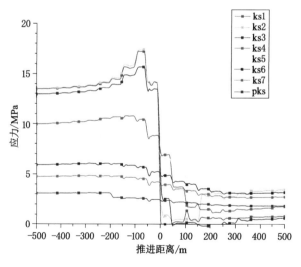

图 6-21　模型 3 的推进距离-应力曲线图

总体来看,第一层亚关键层至第三层亚关键层位移较大,为 3.8～4.4 m,而第四层亚关键层至主关键层位移较小,均未超过 2 m,且位移增幅较缓,未见急剧增加线段。此外,第一层亚关键层至第三层亚关键层测点应力均存在急剧卸压区段,进一步说明了第一层亚关键层至第三层亚关键层发生破断;而第四层亚关键层至主关键层测点应力降低速率缓慢且最低应力远高于 0 MPa,说明第四层亚关键层至主关键层仅发生了不同程度的弯曲下沉,未发生明显的破断。

为了掌握各模型受采动影响下的覆岩运动规律,以钻孔位置为参照,将观察区域分为工作面推进至钻孔前方 200 m 范围内与工作面推进至钻孔后方 200 m 内,每隔 50 m 记录一次位移云图,直至煤层开挖至钻孔后方 200 m 位置处进行最后一次记录。

6.3.3.4 模型 4 覆岩运动过程分析

(1) 模型 4 位移云图模拟情况

与模型 1～3 相比,模型 4 工作面宽度减小为 250 m,在超前钻孔 200 m 的推进距离范围内,各关键层下方钻孔位置附近仍未见明显离层裂隙,如图 6-22 所示。

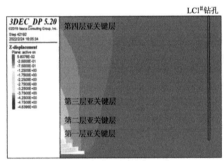
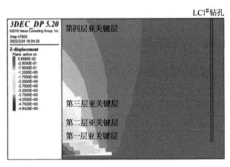

(a) 工作面超前钻孔200 m   (b) 工作面超前钻孔150 m

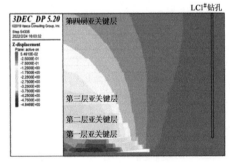
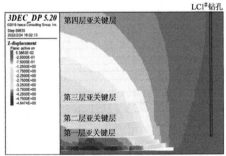

(c) 工作面超前钻孔100 m   (d) 工作面超前钻孔50 m

图 6-22 模型 4 工作面推进至钻孔前方 200 m 范围内走向位移云图

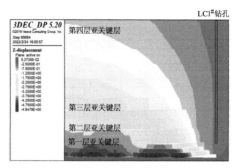

(e) 工作面位于钻孔位置

图 6-22(续)

　　如图 6-23 所示,当工作面推进至钻孔后方 50 m 时,第一层亚关键层下钻孔位置附近离层裂隙厚度约为 0.4 m,第二层亚关键层至第四层亚关键层下方钻孔位置处未见明显离层裂隙。

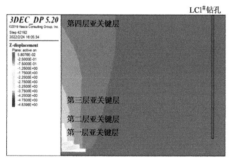

(a) 工作面位于钻孔位置

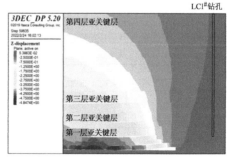

(b) 工作面推过钻孔50 m

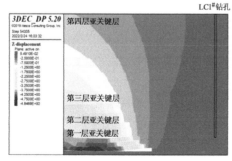

(c) 工作面推过钻孔100 m

(d) 工作面推过钻孔150 m

图 6-23　模型 4 工作面推进至钻孔后方 200 m 范围内走向位移云图

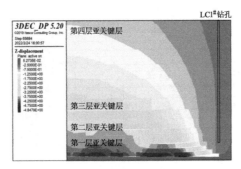

（e）工作面推过钻孔200 m

图 6-23（续）

当工作面推进至钻孔后方 100 m 时,第一层亚关键层下钻孔位置附近最大离层裂隙厚度约为 1.6 m;第二层亚关键层下钻孔位置附近最大离层裂隙厚度约为 0.8 m;第三层亚关键层下钻孔位置附近最大离层裂隙厚度约为 0.4 m;第四层亚关键层下未见明显离层裂隙。

当工作面推进至钻孔后方 150 m 时,第一层亚关键层下钻孔位置附近离层裂隙厚度约为 0.2 m;第二层亚关键层下钻孔位置附近离层裂隙厚度约为 0.4 m;第三层亚关键层下钻孔位置附近最大离层裂隙厚度约为 1.2 m;第四层亚关键层下方未见明显离层裂隙。

当工作面推进至钻孔后方 200 m 时,第一层亚关键层至第二层亚关键层下钻孔位置附近离层裂隙闭合;第三层亚关键层下钻孔位置附近最大离层裂隙厚度约为 1.2 m;第四层亚关键层下方未见明显离层裂隙。

（2）模型 4 各关键层测点监测数据

如图 6-24 所示,当推进至距离钻孔 390 m 时,主关键层开始产生微小的位移,直至推进至距离钻孔约 50 m 位置处时,第一层亚关键层至主关键层均产生明显位移;当推进至距离钻孔 50 m 位置处时,第一层亚关键层至第三层亚关键层产生小幅度弯曲变形,在随后的 55 m 推进距离范围内,第一层亚关键层至第三层亚关键层相对稳定;在工作面继续推进至钻孔后方约 5 m 位置处时,第一层亚关键层发生破断,第二层亚关键层至主关键层发生不同程度的弯曲下沉;当工作面推进至钻孔位置后方约 45 m 处时,第四层亚关键层小幅度弯曲下沉,致使第三层亚关键层发生轻微破断,载荷传递至第二层亚关键层使其发生破断,第一层亚关键层至第三层亚关键层测点位置处位移均增大;当工作面推进至钻孔位置后方约 100 m 处时,第三层亚关键层破断裂隙开始增大,载荷逐层传递,致使第二层亚关键层测点位移进一步增大;在钻孔后方约 170 m 至钻孔后方约

215 m 的推进距离范围内,上位关键层弯曲下沉使得下位关键层进一步压实,第一层亚关键层至第三层亚关键层位移先略微减小后略微增大;各关键层测点位移随着工作面持续向前推进逐渐趋于稳定。

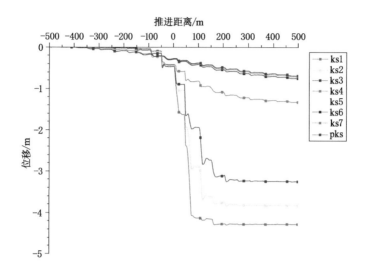

图 6-24　模型 4 的推进距离-位移曲线图

如图 6-25 所示,当工作面推进至距离钻孔 50 m 的位置时,第一层亚关键层至第三层亚关键层产生弯曲,此时测点应力达到峰值;在−50∼0 m 的推进距离范围内,第一层亚关键层至第三层亚关键层测点位置处的应力降低后小幅度增加;当工作面推过钻孔位置处后,第一层亚关键层至第三层亚关键层测点位置处急剧卸压,此时,第四层亚关键层至主关键层测点位置处应力缓慢降低,卸压幅度较小;当工作面推过钻孔后方 40 m 位置处时,第二层亚关键层至第四层亚关键层均出现卸压现象,其中第二层亚关键层与第三层亚关键层测点应力卸压至0 MPa 左右,第四层亚关键层测点卸压后应力远高于 0 MPa。

总体来看,第一层亚关键层至第三层亚关键层位移较大,为 3.3∼4.3 m,而第四层亚关键层至主关键层位移较小,均未超过 1.5 m,且位移增幅较缓,未见急剧增加线段。第一层亚关键层至第三层亚关键层测点应力均存在急剧卸压区段,进一步说明第一层亚关键层至第三层亚关键层发生破断,而第四层亚关键层至主关键层测点应力降低速率缓慢且最低应力远高于 0 MPa,说明第四层亚关键层至主关键层仅发生了不同程度的弯曲下沉,未发生明显的破断。

6.3.3.5　模型 5 覆岩运动过程分析

模型 5 位移云图模拟情况、各关键层测点监测数据参照模型 3。模型 3 与

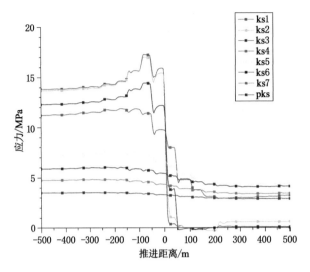

图 6-25   模型 4 的推进距离-应力曲线图

模型 5 为相同规格的模型,模型 3 侧重于 5 m 的煤层厚度,而模型 5 侧重于煤层开挖时设置的 300 m 工作面宽度,故分为两种模型进行分析,以便于模型间的比较,相关内容不再赘述。

6.3.3.6   模型 6 覆岩运动过程分析

(1)模型 6 位移云图模拟情况

工作面宽度增大至 350 m 后,模型 6 在超前钻孔 200 m 的推进距离范围内,各关键层钻孔位置附近仍未见明显离层裂隙,如图 6-26 所示。

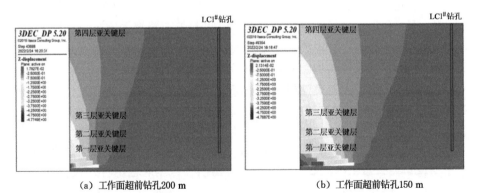

(a)工作面超前钻孔200 m   (b)工作面超前钻孔150 m

图 6-26   模型 6 工作面推进至钻孔前方 200 m 范围内走向位移云图

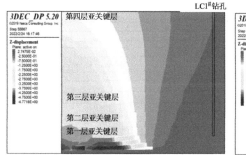 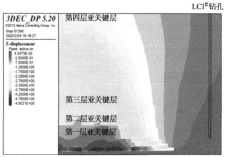

(c) 工作面超前钻孔100 m   (d) 工作面超前钻孔50 m

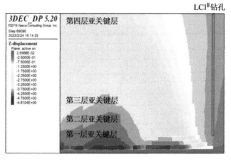

(e) 工作面位于钻孔位置

图 6-26(续)

如图 6-27 所示,当工作面推进至钻孔后方 50 m 时,第一层亚关键层下钻孔位置附近离层裂隙厚度约为 0.2 m;第二层亚关键层至第四层亚关键层下钻孔位置附近未见明显离层裂隙。

当工作面推进至钻孔后方 100 m 时,第一层亚关键层下钻孔位置附近离层裂隙厚度约为 0.1 m;第二层亚关键层下钻孔位置附近离层裂隙厚度约为 0.1 m;第三层亚关键层下钻孔位置附近最大离层裂隙厚度约为 0.8 m;第四层亚关键层下钻孔位置附近离层裂隙厚度约为 0.1 m。

当工作面推进至钻孔后方 150 m 时,第一层亚关键层与第二层亚关键层下钻孔位置附近离层裂隙厚度约为 0.1 m;第三层亚关键层下钻孔位置附近离层裂隙厚度约为 0.8 m;第四层亚关键层下钻孔位置附近离层裂隙厚度约为 0.1 m。

当工作面推进至钻孔后方 200 m 时,第一层亚关键层至第四层亚关键层下钻孔附近离场裂隙均闭合。

(2)模型 6 各关键层测点监测数据

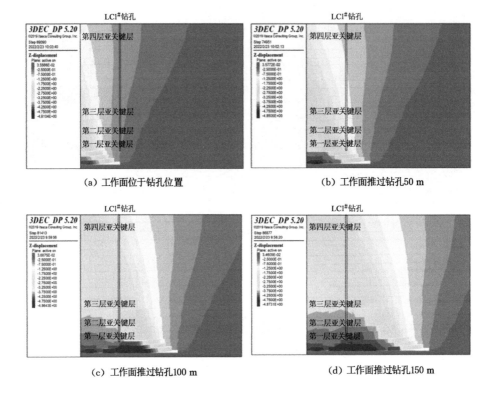

(a) 工作面位于钻孔位置　　　　　　　　(b) 工作面推过钻孔50 m

(c) 工作面推过钻孔100 m　　　　　　　　(d) 工作面推过钻孔150 m

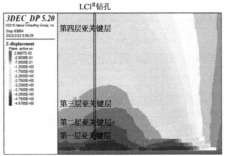

(e) 工作面推过钻孔200 m

图 6-27　模型 6 工作面推进至钻孔后方 200 m 范围内走向位移云图

　　如图 6-28 所示,当推进至距离钻孔 460 m 时,主关键层开始产生微小的位移,直至推进至距离钻孔约 75 m 位置处时,第一层亚关键层至主关键层均产生明显位移;当推进至距离钻孔 75 m 位置处时,第一层亚关键层至第三层亚关键层产生小幅度弯曲变形,在随后的 55 m 推进距离范围内,第一层亚关键层至第三层亚关键层相对稳定；在工作面继续推进至距离钻孔 20 m 位置处时，第一层亚关键层与第二层亚关键层发生同步破断，第二层亚关键层破断裂隙较小，第三层亚关键层开始产生微小破断裂隙，第四层亚关键层至主关键层发生不同程度的弯曲下沉；当工作面推进至钻孔位置后方约 30 m 处时，第四层亚关键层轻微破断，载荷逐层传递，致使第三层亚关键层与第二层亚关键层破断裂隙增大，第一层亚关键层至第四层亚关键层测点位置处位移均增大；在钻孔后方约 30 m 至钻孔后方约 140 m 的推进距离范围内，第四层亚关键层破断裂隙逐渐增大，载荷向下位岩层传递致使第三层亚关键层与第二层亚关键层进一步破断，第二层亚关键层至第四层亚关键层位移变化趋势相近；在钻孔后方约 140 m 至钻孔后方约 200 m 的推进距离范围内，上位关键层弯曲下沉使得下位关键层进一步压实，第一层亚关键层至第四层亚关键层位移先略微减小后略微增大；各关键层测点位移随着工作面持续向前推进逐渐趋于稳定。

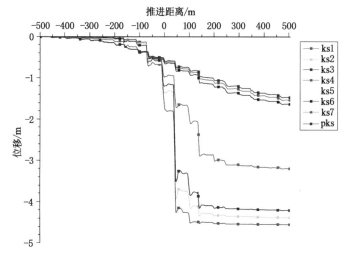

图 6-28　模型 6 的推进距离-位移曲线图

如图 6-29 所示，当工作面推进至距离钻孔 75 m 的位置时，第一层亚关键层至第四层亚关键层产生弯曲，此时应力达到峰值；在 −75～−20 m 的推进距离范围内，第一层亚关键层至第三层亚关键层测点位置处的应力降低后小幅度波动，而第四层亚关键层应力降低后保持稳定；当工作面推进至距离钻孔 20 m 位置处后，第一层亚关键层至第三层亚关键层测点位置处急剧卸压，第四层亚关键层测点处小幅度卸压，其中第一层亚关键层与第二层亚关键层测点位置处卸压后应力接近于 0 MPa 且卸压幅度相近，说明两者发生同步破断，第三层亚关键层与第四层亚关键层测点应力大幅度下降，此时第四层亚关键层卸压后测点应力值大约是第三层亚关键层测点应力的 3 倍,说明第四层亚关键层此时仅产生微小的破断裂隙,而第三层亚关键层破断裂隙较大;与此同时,第五层亚关键层至主关键层测点位置处应力缓慢降低,未见明显急剧卸压线段。

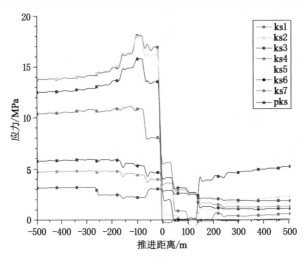

图 6-29　模型 6 的推进距离-应力曲线图

　　总体来看,第一层亚关键层至第四层亚关键层位移较大,为 3～4.6 m,而第五层亚关键层至主关键层位移较小,均未超过 2.4 m,且位移增幅较缓,未见急剧增加线段。第一层亚关键层至第四层亚关键层测点应力均存在急剧卸压区段,进一步说明第一层亚关键层至第四层亚关键层发生破断,而第五层亚关键层至主关键层测点应力降低速率缓慢且不存在急剧卸压区段,说明第五层亚关键层至主关键层仅发生了不同程度的弯曲下沉,未发生明显的破断。

6.4　全柱状覆岩运动的物理模拟

6.4.1　建立模型

　　参考数值模拟研究结果,结合物理相似模拟实验架的尺寸,选定几何相似比为 1∶160,密度相似比为 1∶1.6,应力相似比为 1∶256,泊松比相似比为 1∶1,时间相似比为 1∶12.6,铺设模型高度约为 1.49 m,模型上方施加 0.04 MPa 的均布载荷。

　　21406 工作面走向推进长度为 300 m(模型长度为 1.88 m),由于受模型架尺寸的影响及开挖过程中产生的误差,模型实际推进长度为 1.86 m,两侧煤柱宽度设置为 50 m(模型长度为 0.31 m)。物理模型如图 6-30 所示,模型材料配比如表 6-5 所列。

图 6-30　物理模型图

表 6-5　物理相似模型材料配比表

编号	岩性	厚度 /m	铺设厚度 /mm	累计厚度 /mm	材料 配比号	沙子 /kg	碳酸钙 /kg	石膏 /kg
24	软岩 18	10.95	68	1 489	673	53.66	6.26	2.69
23	软岩 17	9.65	60	1 421	673	47.29	5.52	2.37
22	软岩 16	11.40	71	1 361	673	55.86	6.52	2.80
21	软岩 15	12.05	75	1 290	673	59.05	6.89	2.95
20	中砂岩(ks4)	12.80	80	1 215	637	62.72	3.14	7.32
19	软岩 14	12.30	77	1 135	673	60.27	7.03	3.01
18	软岩 13	12.75	80	1 058	673	62.48	7.29	3.12
17	软岩 12	9.20	58	978	673	45.08	5.26	2.25
16	软岩 11	12.25	77	920	673	60.03	7.00	3.00
15	软岩 10	10.05	63	843	673	49.25	5.74	2.46
14	软岩 9	10.25	64	780	673	50.23	5.87	2.51
13	软岩 8	11.85	74	716	673	58.07	6.78	2.90
12	软岩 7	15.85	99	642	673	77.67	9.06	3.88
11	细砂岩(ks3)	15.95	100	543	537	78.16	4.69	10.95
10	软岩 6	6.10	38	443	673	29.89	3.49	1.50

表6-5(续)

编号	岩性	厚度/m	铺设厚度/mm	累计厚度/mm	材料配比号	沙子/kg	碳酸钙/kg	石膏/kg
9	软岩5	6.10	38	405	673	29.89	3.49	1.50
8	粉砂岩(ks2)	13.05	82	367	555	63.95	6.40	6.40
7	软岩4	7.25	45	285	673	35.53	4.14	1.78
6	中砂岩(ks1)	11.30	71	240	637	55.37	2.77	6.45
5	软岩3	5.50	34	169	673	26.95	3.15	1.34
4	软岩2	5.00	31	135	673	24.50	2.86	1.23
3	软岩1	5.54	35	104	673	27.15	3.16	1.36
2	2-1煤层	5.00	31	69	791	24.50	3.15	0.35
1	底板岩层	6.00	38	38	537	29.40	1.76	4.12

在铺设模型的过程中,对底板每隔12.5 cm铺设20个柔性薄膜压力传感器;在煤层开挖的过程中,当开挖至24 cm、96 cm、144 cm时,于采空区内放置薄膜压力分布式传感器,如图6-31、图6-32所示。

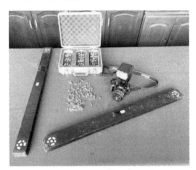

（a）Coord Measis摄影测量系统

（b）应力测试系统

（c）柔性薄膜压力传感器

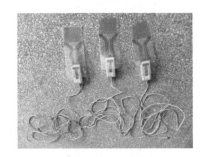

（d）薄膜压力分布式传感器

图6-31　监测设备

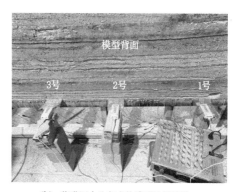

（a）摄影测量系统放置情况　　　　　（b）薄膜压力分布式传感器放置情况

图 6-32　设备放置示意图

在模型中各关键层布置 24 个位移监测测点，各测点间隔 10 cm，共计 96 个位移测点，采用 CoordMeasis 摄影测量系统监测模型在开挖过程中各测点位移变化量，进而掌握采动影响下关键层位移变化情况。

6.4.2　物理模型开采过程

如图 6-33 所示，开采 6 cm 作为工作面切眼，自开切眼起每次开采 6 cm，当开采至 30 cm 处时，直接顶垮落；当开采至 48 cm 处时，直接顶完全垮落，第一层亚关键层下方出现离层裂隙；当开采至 60 cm 处时，第一层亚关键层发生破断，第一层亚关键层下方原离层裂隙中部趋于闭合，两侧留有较小裂隙，与此同时，第二层亚关键层下方演化形成离层裂隙。

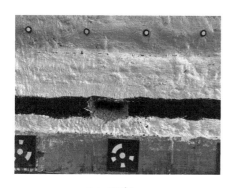

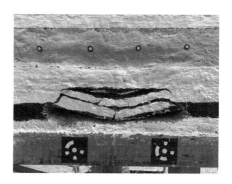

（a）开采6 cm　　　　　　　　　　（b）开采30 cm

图 6-33　第一层亚关键层初次破断过程

(c) 开采48 cm   (d) 开采60 cm（第一层亚关键层初次破断）

图 6-33（续）

如图 6-34 所示，当开采至 72 cm 处时，第一层亚关键层下方离层裂隙趋于闭合，离层高度减小，离层走向长度增大，与此同时第二层亚关键层下方离层裂隙继续向前发育；当开采至 84 cm 处时，第二层亚关键层发生破断，致使其下方原离层裂隙趋于闭合，离层裂隙最大高度仅为 3 mm（实际高度约为 0.48 m），离层裂隙走向长度随工作面的推进继续演化，受采动影响，第三层亚关键层下方形成离层裂隙；当开采至 96 cm 处时，第三层亚关键层发生破断，其下方离层裂隙趋于闭合，离层裂隙最大高度约为 2 mm（实际高度约为 0.32 m），受此影响，第二层亚关键层下方原离层裂隙进一步闭合，最大离层裂隙高度减小为 2 mm（实际高度约为 0.32 m），其走向长度略微增大，随工作面推进继续向前发展，同时，第一层亚关键层再次发生破断，其下方离层裂隙趋于闭合，其走向长度与最大高度均有所降低，最大离层裂隙高度约为 1 mm（实际高度为 0.16 m）；当开采至 114 cm 处时，采空区中部上覆岩层趋于压实状态，原离层裂隙闭合，第一层亚关键层至第三层亚关键层新生离层裂隙随工作面推进继续向前演化。

如图 6-35 所示，当开采至 126 cm 处时，第一层亚关键层至第三层亚关键层相对稳定，第一层亚关键层下方离层裂隙增大，最大离层裂隙高度约为 8 mm（实际高度约为 1.28 m），第二层亚关键层与第三层亚关键层下方离层裂隙趋于闭合，最大离层裂隙高度约为 1 mm（实际高度约为 0.16 m）；当开采至 144 cm 处时，第三层亚关键层再次发生破断，发生破断位置处下伏岩层均趋于压实状态，第一层亚关键层至第三层亚关键层下方离层裂隙均随工作面推进继续演化，第一层亚关键层下方离层裂隙增大，最大离层裂隙高度约为 10 mm（实际高度约为 1.6 m），第二层亚关键层与第三层亚关键层下方离层裂隙略微增大，最大

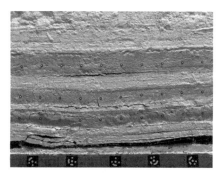

（a）开采72 cm　　　　　　　　　（b）开采84 cm（第二层亚关键层初次破断）

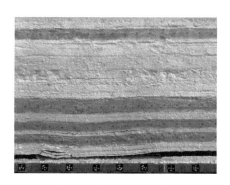

（c）开采96 cm（第三层亚关键层初次破断）　　　（d）开采114 cm（第一层亚关键层初次破断）

图 6-34　第二层至第三层亚关键层初次破断过程

离层裂隙高度约为 2 mm（实际高度约为 0.32 m）；当开采至 162 cm 处时，第一层亚关键层与第二层亚关键层均发生破断，且第二层亚关键层破断位置滞后于第一层亚关键层破断位置，第四层亚关键层弯曲下沉较为明显，通过多层岩层将载荷传递给第三层亚关键层，致使第三层亚关键层下方离层裂隙进一步闭合，其最大离层裂隙高度约为 1 mm（实际高度约为 0.16 m）；当开采至 180 cm 处时，工作面接近停采线，受第四层亚关键层弯曲下沉的影响，载荷通过各岩层传递至第三层亚关键层，同理第二层亚关键层与第一层亚关键层经层间岩层传递上覆岩层载荷，致使离层裂隙趋于闭合，第一层亚关键层下方离层裂隙最大高度仅约为 3 mm（实际高度约为 0.48 m）。

　　如图 6-36 所示，当开采至 186 cm 处时，工作面推进至停采线，待模型趋于稳定状态后，从模型总体来看，受采动影响，模型中第一层亚关键层至第三层亚关键层均发生破断，第四层亚关键层仅发生弯曲下沉，在工作面开采过程中，第

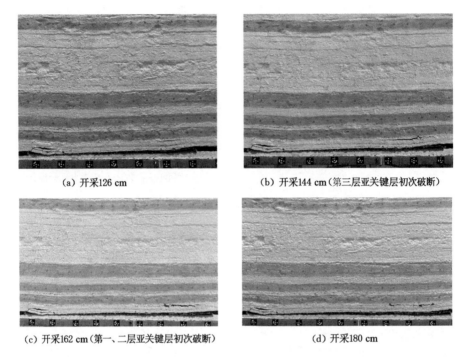

(a) 开采126 cm

(b) 开采144 cm（第三层亚关键层初次破断）

(c) 开采162 cm（第一、二层亚关键层初次破断）

(d) 开采180 cm

图 6-35　第一层至第三层亚关键层再次破断过程

四层亚关键层下方未见明显离层裂隙；第四层亚关键层与第三层亚关键层之间的多层岩层受采动影响发生不同程度的弯曲下沉，较下位岩层发生轻微破断，但未见明显离层裂隙。

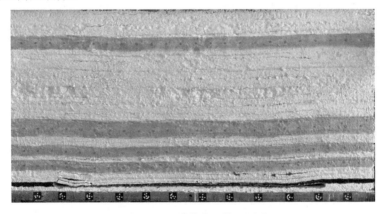

图 6-36　开采结束后模型图片

6.4.3 全柱状覆岩运动的物理模拟结果分析

CoordMeasis 摄影测量系统受拍摄角度、光照情况、编码点轻微移动等因素的影响,每次测量计算结果存在 0.5 mm 左右的误差,因此选择从直接顶垮落时(推进至 30 cm 处时)开始对各关键层位移情况进行观察。

通过图 6-37 可以观察到,工作面在推进至 60 cm 之前,第一层亚关键层位移较小,其他关键层与其相比位移变化更微小;当推进至 60 cm 处时,第一层亚关键层位移变化明显,第二层亚关键层和第三层亚关键层位移也明显增大,第四层亚关键层未发生明显位移变化;自推进至 60 cm 之后,各关键层位移测线呈规律性变化。为了通过位移数据反映关键层破断情况,对各关键层位移测线在不同推进距离下的增幅情况进行分析,各关键层位移增幅情况如图 6-38 所示。

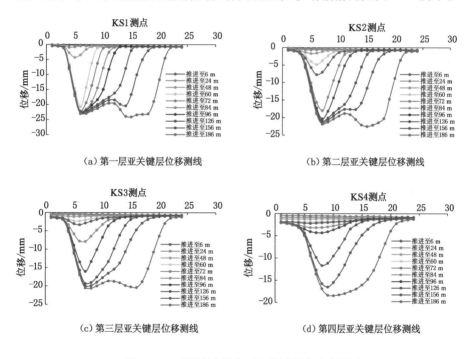

图 6-37 不同推进距离下各关键层位移曲线图

由表 6-5 可知,第一层亚关键层铺设厚度约为 71 mm,第二层亚关键层铺设厚度约为 82 mm,第三层亚关键层铺设厚度约为 100 mm,第四层亚关键层铺设厚度约为 80 mm。根据各关键层铺设厚度,结合图 6-38 中各关键层位移增幅分析如下:

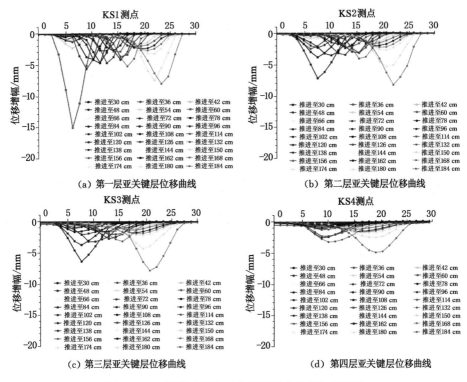

图 6-38　不同推进距离下各关键层位移增幅曲线图

　　当工作面推进至 60 cm 处时，第一层亚关键层位移达到 15 mm，该位移量达到该关键层铺设厚度的 1/5，此时第一层亚关键层发生明显破断，致使工作面发生周期来压，而其他关键层未发生明显位移；当工作面推进至 72 cm 处时，第一层亚关键层位移增幅曲线再次出现"尖端"，最大位移增幅达 5.5 mm，关键层自上次破断后进一步断裂，继续下沉，工作面再次来压，此时其他关键层位移增幅曲线虽有略微增大趋势，但仍呈"圆头"状，因此第二层亚关键层至第四层亚关键层继续保持弯曲下沉状态；当工作面推进至 84 cm 处时，第二层亚关键层位移增幅测线呈现"尖端"状，最大位移增幅约为 7.1 mm，第二层亚关键层发生轻微破断，将载荷传递至第一层亚关键层，致使其位移进一步增大，最大增幅约为 4.6 mm；当工作面推进至 90 cm 处时，第三层亚关键层位移增幅测线呈现"尖端"状，发生轻微破断，其位移最大增幅约为 6.2 mm，受此影响，第二层亚关键层自发生破断后继续下沉，载荷逐层传递至第一层亚关键层后致使其发生断裂，增幅曲线再次呈"尖端"状，此时工作面再次来压；当工作面推进至 102 cm 处时，第一层亚关键层位移增幅曲线呈"尖端"状，位移最大增幅约为 4.6 mm，工作面发生周期来压,而第二层亚关键层至第四层亚关键层位移增幅曲线呈"圆头"状,处于弯曲下沉状态;当推进至 120 cm 处时,第一层亚关键层位移增幅测线再次呈现"尖端"状,其位移最大增幅约为 4.1 mm,工作面再次来压,此时其他关键层位移增幅曲线呈"圆头"状,保持弯曲下沉状态;当开采至 132 cm 处时,第一层亚关键层位移增幅曲线呈现"尖端"状,位移最大增幅约为 5.2 mm,工作面再次来压,此时其他关键层受采动影响发生不同程度的弯曲下沉;当推进至 180 cm 处时,已接近停采线,待模型稳定后,第四层亚关键层弯曲下沉,载荷传递至各关键层,第三层亚关键层与第二层亚关键层进一步下沉,第一层亚关键层发生破断;当工作面推进至 186 cm 时,已推进至停采线,待模型稳定后,在充分采动条件下,第四层亚关键层大幅度弯曲下沉,最大位移增幅约为 7.5 mm,载荷逐层传递至各关键层,致使各关键层均发生破断,位移增幅较大,导致工作面再次来压。

各亚关键层在首次发生破断后,在各关键层位移测线中,发生破断处附近的测点其右方各测点随推进距离的增大,测点位移逐渐增大,在推进至停采线后,模型在达到充分采动时,发生破断的关键层位移测线呈"W"形,而未发生破断,仅弯曲下沉的关键层其位移测线呈"U"形。总体来看,采空区两侧上方各关键层位移较大,而采空区中部上方各关键层位移较小。

6.5 全柱状覆岩运动的原位监测

6.5.1 原位监测方案

为了更好地掌握覆岩内部运动规律,在地面钻孔内部布置相应的岩移监测系统进行现场实测,于 2021 年 8 月完成了 LC1# 钻孔的现场仪器安装工作,如图 6-39 所示。

6.5.2 原位监测数据

由数值模拟结果与物理模拟结果来看,工作面上覆岩层破断仅发展至第三层亚关键层,因此选择 LC1# 钻孔数据中与第三层亚关键层对应位置处的测点数据进行对比分析。

如图 6-40 所示,当工作面推进至钻孔后方约 103 m 位置处时,第三层亚关键层未发生破断,其下方岩层开始产生微小的破断裂隙,层间离层厚度约为 2 mm;当工作面继续向前推进至钻孔后方约 123 m 位置处时,第三层亚关键层未发生破断,其下方岩层破断裂隙增大,层间离层裂隙厚度约为 140 mm;

图 6-39　原位监测

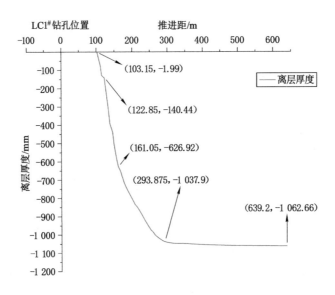

图 6-40　第三层亚关键层下方钻孔位置处离层变化曲线图

当工作面继续向前推进至钻孔后方约 161 m 位置处时,第三层亚关键层开始产生破断裂隙,其下方岩层破断裂隙继续增大,在钻孔后方 161～294 m 的推进距离范围内,两岩层破断裂隙均不断增大,第三层亚关键层破断裂隙增大速率较慢,使得钻孔位置处离层厚度仍缓慢增大;当工作面推进至钻孔后方约294 m位置处时,第三层亚关键层及其下方岩层完全破断,钻孔位置处离层厚度随工作面的不断推进而逐渐趋于稳定,最大离层厚度约为1 063 mm。

　　由现场走向测线观测地表下沉情况来看,单一工作面充分采动状态下地表下沉曲线如图6-41所示。可以看出,地表最大下沉量约为0.96 m。

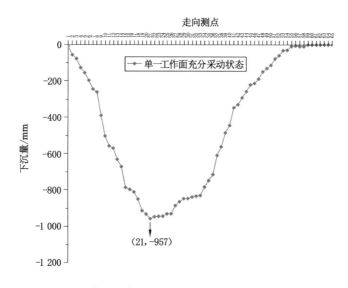

图6-41　单一工作面充分采动状态下地表下沉曲线图

6.6　全柱状覆岩运动的综合数据分析

　　在数值模拟研究中的模型3与21406工作面条件相近,故将模型3在已沿工作面开采500 m(此时工作面位于模型中部)的情况下,继续开采200 m,并将200 m推进距离范围内第三层亚关键层下方钻孔位置附近离层厚度进行汇总,厚度变化曲线如图6-42所示。

　　由图6-42可知,模型3中第三层亚关键层下方离层厚度约为0.9～1.1 m。

　　由现场实测数据可知,当工作面推过钻孔约294 m处离层厚度趋于稳定,与推过钻孔600 m时的离层厚度相差甚微,而294 m约为600 m的1/2,在第4章物理模拟研究中,由于模型设计开采距离为186 cm,实际距离约为300 m,考虑到物理模型开采距离的问题,将模型推进至90 cm(约为186 cm的1/2)处时第三层亚关键层下方离层厚度进行测量,测量结果如图6-43所示。

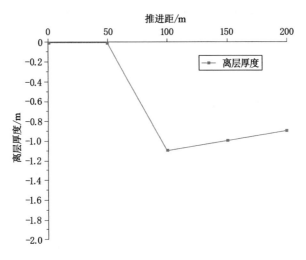

图 6-42　模型 3 第三层亚关键层下方离层厚度变化曲线

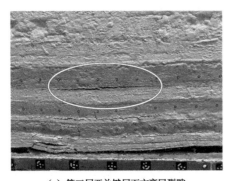

（a）第三层亚关键层下方离层裂隙

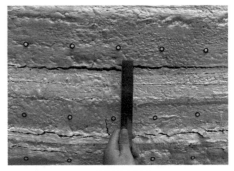

（b）测量离层厚度

图 6-43　模型开采至 90 cm 处时测量离层厚度示意图

经测量，模型在开采至 90 cm 处稳定后，第三层亚关键层下方离层裂隙厚度为 7 mm，由于模型几何相似比为 1：160，换算为实际离层厚度为 1.12 m。

表 6-6　各研究方法数据汇总表

研究方法	第三层亚关键层下方离层厚度/m	地表最大下沉量/m
数值模拟	1.00	0.95
物理模拟	1.12	
现场实测	1.06	0.96
平均值	1.06	0.96

从表 6-6 中可以看出,数值模拟、物理模拟、现场实测的各项数据较为相近,数值模拟研究与物理模拟研究效果较好,对各项数据取平均值,得出葫芦素矿 21406 工作面上覆岩层地表最大下沉量约为 0.96 m,第三层亚关键层下方钻孔位置附近离层厚度约为 1.06 m。

通过数值模拟、物理模拟、现场实测三种研究方法,综合各项数据绘制图 6-44,确定了裂隙带与弯曲下沉带的分界高度约为 116.37 m,展示了第一层亚关键层至主关键层在充分采动状态下与未采动时的关键层位移状态,同时也加入了地表下沉曲线。图 6-44 较为直观地展示出充分采动状态时各关键层位移量和地表下沉量。

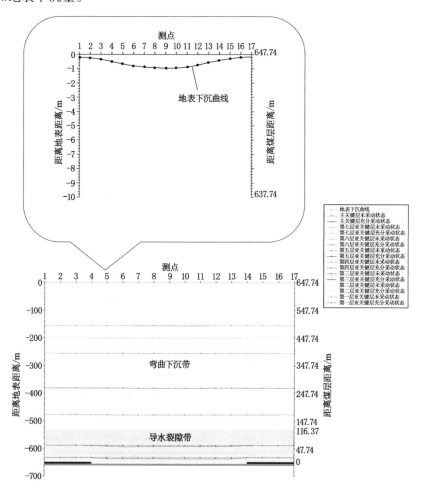

图 6-44 21406 工作面充分采动状态下全柱状覆岩状态

由图 6-45 可以看出,第一层亚关键层至第三层亚关键层位移测线均呈现"W"形曲线段,而第四层亚关键层位移测线至地表下沉曲线均呈现"U"形曲线段,与物理相似模拟研究得出的结论一致,再次说明发生破断的关键层其位移测线呈现"W"形,发生弯曲下沉的关键层其位移测线呈现"U"形。

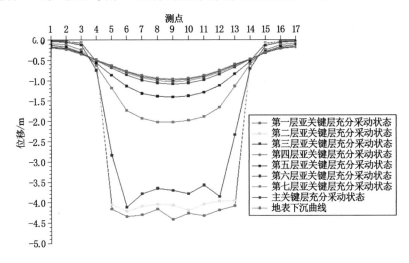

图 6-45　21406 工作面充分采动状态下全柱状关键层位移状态

6.7　本章小结

以葫芦素矿 21406 工作面为地质背景,采用数值模拟、物理模拟和现场实测等研究方法对该工作面全柱状采动覆岩运动规律进行研究,主要结论如下:

将岩石力学测试得出的参数用于模拟研究中,模型结果与现场实际情况相接近。

通过对比不同煤层厚度、不同工作面宽度的模型发现:模型中煤层厚度越大,关键层发生破断时位移增幅越大;当模型开挖达到充分采动条件时,关键层位移与煤层厚度、工作面宽度均呈正相关;发生破断的关键层峰值应力与工作面宽度呈正相关;仅发生弯曲下沉的关键层残余应力与煤层厚度、工作面宽度均呈负相关;煤层厚度对地表下沉影响较小;而工作面宽度对关键层弯曲下沉、地表下沉影响较大。

关键层下方离层裂隙大致经历"产生、达到峰值、趋于闭合(稳定)"的过程,煤层厚度与离层演化速度、离层厚度峰值呈正相关;工作面宽度与离层厚度峰值呈负相关。预计 21406 工作面第一层亚关键层至第三层亚关键层下方会产生明显离层裂隙,第四层亚关键层至主关键层下方不会出现明显离层裂隙。

　　将数值模拟、物理模拟、现场实测数据进行对比,发现模拟结果与现场实测结果基本吻合,证实了数值模拟模型与物理模拟模型的合理性;结合各项数据绘制出 21406 工作面充分采动状态下全柱状覆岩状态图与全柱状关键层位移状态图,得出 21406 工作面全柱状覆岩中裂隙带与弯曲下沉带的分界高度约为 116.37 m,第三层亚关键层下方钻孔位置附近离层厚度约为 1.06 m,地表最大下沉量约为 0.96 m。研究结论为该矿瓦斯抽采、保水开采、注浆充填等工程问题治理提供了参考依据。

7 结论与展望

7.1 结论

本书主要介绍了全柱状覆岩运动原位监测技术及其在冲击地压、离层水和强矿压等防治工程中的应用,主要结论如下:

(1) 介绍了全柱状覆岩运动原位监测技术在千米冲击地压矿井中的应用效果。

为掌握千米埋深工作面开采后的覆岩内部运动规律,在开采工作面上方布置地面监测钻孔(深度范围为从地表至煤层顶板的全柱状覆岩),在单一钻孔内部布置了多条锚固位移测线、全孔分布式光纤及多个孔隙水压计,并在孔口布置了 GNSS 地表沉陷测点。全柱状覆岩运动原位监测技术实现了单一千米深孔的锚固位移、分布式光纤应变、孔隙水压和地表沉陷等多源传感数据协同采集,其中锚固位移、孔隙水压和地表沉陷数据通过云平台进行远程无线传输与在线采集,而分布式光纤应变数据通过现场定期采集,从而为掌握大埋深、厚煤层和巨厚强富水关键层等复杂地质条件下的采场覆岩运动规律提供了可靠的实测手段。

建立了基于分布式光纤应变、微震事件能量和工作面支架阻力等多源数据的全柱状覆岩运动特征协同分析方法。工作面开采后,不同层位的覆岩运动变形会导致相应层位的分布式光纤出现压缩或拉伸应变,当应变值超出光纤应变极限后则会出现断裂,光纤断裂点位置与理论判别的关键层层位具有很好的对应关系,从而验证了覆岩运动主要受关键层控制的分层特性。覆岩变形破裂过程中会产生不同能量大小的微震信息,通过原位监测发现光纤断裂高度跳变与微震事件能量跃升呈现一定的同步特征,并发现低位关键层运动对微震能量的影响要大于高位关键层。另外通过对比分析,确定了对工作面支架阻力大小产生影响的关键层层位。该多源数据的协同分析方法能够确定对井下微震事件能量与工作面支架阻力产生显著影响的关键层层位,为深部采场高冲击风险工作面灾害治理提供了新的指导思路。

（2）介绍了全柱状覆岩运动原位监测技术在离层水防治中的应用效果。

通过原位监测得到的数据对工作面的覆岩内部离层分布规律进行了分析，发现锚固位移与分布式光纤两类监测数据的分析结果基本一致。由多个锚固测点位移数据发现，离层变化受采动影响可能存在周期性扩展现象，综合工作面开采尺寸、覆岩结构和推进条件，其周期性扩展对应的推进距离为 64～70 m，在具体工作面开采条件发生变化时，该数值可能会发生变化。为全面掌握采动全过程尤其是采后阶段覆岩内部运动规律，利用分布式光纤的敏感性，能够捕捉到岩层内部的微小应变，但易出现应变极限断裂后而无法对相应层位及其下部覆岩变形进行连续监测，而锚固位移测点的测试方法由于其抗变形能力大而能够实现覆岩内部运动全过程的连续监测。

通过原位监测手段研究覆岩离层分布规律，对于及时评判离层发展程度和可能存在的离层突水隐患等具有重要意义。由于离层发育及其分布与上覆岩层内部关键层结构特征紧密相关，当相应开采条件发生变化后监测结果也可能存在差异，应持续开展更多条件下的原位监测和数据分析工作，以进一步为煤矿离层水害防范提供支撑。

（3）介绍了全柱状覆岩运动原位监测技术在强矿压治理中的应用效果。

提出了特厚煤层井下矿压、覆岩运移和地表沉陷的"三位一体"原位监测方法，首次形成了下自井下矿压、中到覆岩运移、上至地表沉陷的一体化研究体系通过原位监测，首次发现了石炭系与侏罗系层间关键层破断运动与工作面来压规律的耦合作用关系。实测得到与工作面来压紧密对应的覆岩关键层破断运动，即由内部岩层观测到的两次岩移数据跃升分别对应于覆岩第一层亚关键层和覆岩第二、三层关键层的破断，同时工作面亦发生周期来压。

发现了远场关键层破断运动亦会对采场矿压产生影响，得到了覆岩远场关键层结构运动易诱发强矿压显现的规律，为揭示特厚煤层综放开采强矿压显现机理奠定了基础。

（4）介绍了全柱状覆岩运动规律的综合研究方法。

针对某个矿井，利用原位监测、数值模拟和物理实验等综合方法对全柱状覆岩运动规律进行研究。通过施工地面钻孔并全孔取芯得到真实的全柱状，开展岩石力学测试，得到真实的力学参数；在钻孔内布置锚固位移测点与分布式光纤等，原位监测得到采动全过程的上覆岩层移动数据；由于原位监测数据相对有限，对原位监测得到的数据进行数值模拟与物理实验反演，从而获取更丰富、更完善的分析数据。

7.2 展望

全柱状覆岩运动原位监测技术还需要进一步完善,对其监测数据与实际覆岩运动的关联特征还需要进行更加深入的研究,具体表现为以下几方面:

(1) 全柱状覆岩关键层运动后的多源信息响应机制研究。

上覆岩层运动对多源信息(工作面支架压力与超前支承压力、采空区应力、覆岩内部应变与位移、地表沉陷)具有显著影响。

① 全柱状覆岩关键层承载及变形特征力学模型。理论分析全柱状覆岩关键层下的弹性地基系数,基于覆岩载荷传递效应确定关键层运动后的不同承载区间及其承载特征,根据关键层接触面的力学平衡和几何平衡条件,建立全柱状覆岩关键层承载及变形特征力学模型,分析全柱状覆岩关键层运动变形后载荷传递作用下的多源信息响应。

② 多源信息变化的影响因素。建立多组数值模拟与物理实验方案,改变覆岩关键层结构(层位、厚度、间距)、工作面开采参数(采高、采宽、采深)及工作面开采边界等条件,开展覆岩关键层运动后多源信息的影响因素研究,掌握各因素对多源信息的影响规律,确定全柱状覆岩关键层运动特征的多源信息响应机制。

(2) 全柱状覆岩关键层运动特征的多源信息精准感知研究。

离散无序的多源信息测点无法做到时间和空间上的完全连续性,精准感知获取多源信息监测数据决定了本研究方法的可行性与准确性。

① 多源信息监测点布置目标函数。基于全柱状覆岩关键层运动特征的多源信息响应机制,利用模糊聚类分析方法,按工作面支架压力与超前支承压力、采空区应力、覆岩内部应变与位移、地表沉陷变化规律对监测点进行分类,优化多源信息监测点布置位置,建立多源信息监测点布置目标函数。

② 覆岩关键层运动特征的多源信息精准感知。基于多源信息监测点布置目标函数,对工作面液压支架压力与超前支承压力、后方采空区应力进行合理监测,精确设计覆岩内部连续分布式应变测线与多点关键层位移测点、地表沉陷测点布置方案,实现全柱状覆岩关键层运动特征的多源信息精准感知。

(3) 全柱状覆岩关键层运动特征的多源信息时空耦合评价研究。

全柱状覆岩关键层运动与多源信息之间是一种非常复杂的映射关系,需要建立能够反映覆岩关键层运动特征的多源信息时空耦合评价模型。

① 基于深度卷积神经网络的多源信息权重确定。确定科学有效的均匀实验设计方案并开展相应的离散元数值正演计算,基于正演得到覆岩关键层运动后的多源信息数据,利用粒子群优化算法对网络层数和连接权值设置进行优化,

获得最佳的神经网络结构及其连接权重,构建深度卷积神经网络并确定反映覆岩关键层运动特征的多源信息权重。

② 覆岩关键层运动特征的多源信息时空耦合评价。按照上述构建的深度卷积神经网络权重连接方法,开展单点与多点多源信息数据的时域分析,结合覆岩关键层运动与工作面开采之间的空间形态关系,建立基于多源信息的覆岩关键层运动特征时空耦合评价模型。

(4) 基于长短时记忆网络的全柱状覆岩关键层运动特征智能预测研究

采用迁移学习方法获取更为丰富样本数据,采用长短时记忆网络对不同覆岩结构条件下关键层运动的多源信息进行智能预测。

① 迁移学习辅助的多源信息样本生成策略。采用基于平均值累加的数据关联度计算方法评价源域与目标域相似程度,将已测源域覆岩关键层运动后的多源信息样本数据进行迁移学习,与目标域覆岩关键层运动后的多源信息样本数据整合,生成更丰富的训练样本集合。

② 基于长短时记忆网络的智能预测模型。确定迁移后不同数据样本的使用权重,利用粒子群优化智能算法寻找长短时记忆网络关键参数的最佳取值,建立基于长短时记忆网络的多源信息预测模型,最后采用上述已确定的覆岩关键层运动特征时空耦合评价模型,对目标域的覆岩关键层运动特征进行智能预测。

参 考 文 献

[1] 钱鸣高,石平五,许家林.矿山压力与岩层控制[M].2 版.徐州:中国矿业大学出版社,2010.

[2] 刘贵,张华兴,刘治国,等.河下综放开采覆岩破坏发育特征实测及模拟研究[J].煤炭学报,2013,38(6):987-993.

[3] 许家林,朱卫兵,王晓振.基于关键层位置的导水裂隙带高度预计方法[J].煤炭学报,2012,37(5):762-769.

[4] DOU L M,HE X Q,HE H,et al. Spatial structure evolution of overlying strata and inducing mechanism of rockburst in coal mine[J]. Transactions of nonferrous metals society of China,2014,24(4):1255-1261.

[5] 袁亮,郭华,沈宝堂,等.低透气性煤层群煤与瓦斯共采中的高位环形裂隙体[J].煤炭学报,2011,36(3):357-365.

[6] 陈绍杰,郭惟嘉,周辉,等.条带煤柱膏体充填开采覆岩结构模型及运动规律[J].煤炭学报,2011,36(7):1081-1086.

[7] 徐乃忠,王斌,祁永川.深部开采的地表沉陷预测研究[J].采矿与安全工程学报,2006,23(1):66-69.

[8] 张平松,许时昂,郭立全,等.采场围岩变形与破坏监测技术研究进展及展望[J].煤炭科学技术,2020,48(3):14-48.

[9] JU J F,XU J L,XU J M. A case study of surface borehole wall dislocation induced by top-coal longwall mining[J]. Energies,2017,10(12):2100.

[10] 李桐林,严加永,胡英才,等.长江中下游地球物理找矿反演解释中若干问题探讨[C]// 2014 年中国地球科学联合学术年会.北京,2014:7.

[11] 赵生才.深部高应力下的资源开采与地下工程:香山会议第 175 次综述[J].地球科学进展,2002,17(2):295-298.

[12] 许家林.煤矿绿色开采 20 年研究及进展[J].煤炭科学技术,2020,48(9):1-15.

[13] KAISER P K,YAZICI S,MALONEY S. Mining-induced stress change and consequences of stress path on excavation stability:a case study[J].

International journal of rock mechanics and mining sciences,2001,38(2):167-180.

[14] ALBER M,FRITSCHEN R,BISCHOFF M,et al. Rock mechanical investigations of seismic events in a deep longwall coal mine[J]. International journal of rock mechanics and mining sciences,2009,46(2):408-420.

[15] 钱鸣高,缪协兴,许家林.岩层控制中的关键层理论研究[J].煤炭学报,1996,21(3):225-230.

[16] 宋振骐,蒋宇静.采场顶板控制设计理论与方法的基础研究[J].山东矿业学院学报,1986,5(1):1-13.

[17] 张向东,范学理,赵德深.覆岩运动的时空过程[J].岩石力学与工程学报,2002,21(1):56-59.

[18] 王金安,刘红,纪洪广.地下开采上覆巨厚岩层断裂机制研究[J].岩石力学与工程学报,2009,28(增刊1):2815-2823.

[19] 伍永平,解盘石,王红伟,等.大倾角煤层开采覆岩空间倾斜砌体结构[J].煤炭学报,2010,35(8):1252-1256.

[20] 蒋金泉,张培鹏,聂礼生,等.高位硬厚岩层破断规律及其动力响应分析[J].岩石力学与工程学报,2014,33(7):1366-1374.

[21] 于斌,朱卫兵,高瑞,等.特厚煤层综放开采大空间采场覆岩结构及作用机制[J].煤炭学报,2016,41(3):571-580.

[22] 左建平,孙运江,文金浩,等.岩层移动理论与力学模型及其展望[J].煤炭科学技术,2018,46(1):1-11.

[23] 文志杰,景所林,宋振骐,等.采场空间结构模型及相关动力灾害控制研究[J].煤炭科学技术,2019,47(1):52-61.

[24] 姜福兴,范炜琳.采场上覆岩层运动与支承压力关系的机械模拟研究[J].矿山压力,1988,5(2):69-71.

[25] 黄庆享,张沛.厚砂土层下顶板关键块上的动态载荷传递规律[J].岩石力学与工程学报,2004,23(24):4179-4182.

[26] 赵德深,陈枫,王忠昶.特厚煤层综放开采覆岩运移规律的相似材料试验研究[J].大连大学学报,2010,31(6):61-64.

[27] 周英,顾明,李化敏,等.综放开采上覆岩层运动规律相似材料模拟分析[J].煤炭工程,2004,36(2):43-45.

[28] 任艳芳,宁宇,齐庆新.浅埋深长壁工作面覆岩破断特征相似模拟[J].煤炭学报,2013,38(1):61-66.

[29] 郭惟嘉,李杨杨,范炜琳,等.岩层结构运动演化数控机械模拟试验系统研

制及应用[J].岩石力学与工程学报,2014,33(增刊2):3776-3782.

[30] 鞠杨,谢和平,郑泽民,等.基于3D打印技术的岩体复杂结构与应力场的可视化方法[J].科学通报,2014,59(32):3109-3119.

[31] 柴敬,雷武林,杜文刚,等.分布式光纤监测的采场巨厚复合关键层变形试验研究[J].煤炭学报,2020,45(1):44-53.

[32] 杨科,刘文杰,焦彪,等.深部厚硬顶板综放开采覆岩运移三维物理模拟试验研究[J].岩土工程学报,2021,43(1):85-93.

[33] 李连崇,唐春安,梁正召.考虑岩体碎胀效应的采场覆岩冒落规律分析[J].岩土力学,2010,31(11):3537-3541.

[34] 赵晓东,谷晓松,王海龙.GIS和FLAC³ᴰ耦合下的采场上覆岩层破坏空间分布[J].煤炭学报,2010,35(9):1435-1439.

[35] 谢广祥,杨科.采场围岩宏观应力壳演化特征[J].岩石力学与工程学报,2010,29(增刊1):2676-2680.

[36] 高保彬,高佳佳,袁东升.基于UDEC的大采高覆岩破裂的模拟与分析[J].湖南科技大学学报(自然科学版),2013,28(2):1-6.

[37] 雷文杰,冯拥军,王兆丰,等.有限元强度增加法模拟综放开采覆岩垮落带与裂隙区分布[J].采矿与安全工程学报,2015,32(4):623-627.

[38] 郭文兵,娄高中.覆岩破坏充分采动程度定义及判别方法[J].煤炭学报,2019,44(3):755-766.

[39] XIE J L,XU J L. Effect of key stratum on the mining abutment pressure of a coal seam[J]. Geosciences journal,2017,21(2):267-276.

[40] XIE J L,XU J L,WANG F. Mining-induced stress distribution of the working face in a kilometer-deep coal mine:a case study in Tangshan coal mine[J]. Journal of geophysics and engineering,2018,15(5):2060-2070.

[41] KHAIR A W,GRAYSON R L,REDDY N P. Effect of immediate strata on pillar behavior in retreat pillaring:a case study[C]//Proceedings of the 5th international conference on ground control in mining,1986:257-277.

[42] INGRAM D K,TREVITS M A. Characterization of overburden deformation due to longwall mining[C]//Proceedings of the 3rd subsidence workshop due to underground mining,1992:280-289.

[43] 煤炭科学研究院北京开采研究所.煤矿地表移动与覆岩破坏规律及其应用[M].北京:煤炭工业出版社,1981.

[44] 殷作如.开滦矿区岩层移动及厚松散层地表移动规律研究[D].北京:中国

矿业大学(北京),2007.

[45] 姜福兴,XUN Luo,杨淑华.采场覆岩空间破裂与采动应力场的微震探测研究[J].岩土工程学报,2003,25(1):23-25.

[46] 任奋华,蔡美峰,来兴平,等.采空区覆岩破坏高度监测分析[J].北京科技大学学报,2004,26(2):115-117.

[47] TAN Y L,ZHAO T B,XIAO Y X. Researches on floor stratum fracturing induced by antiprocedure mining underneath close-distance goaf[J]. Journal of mining science,2010,46(3):250-259.

[48] 张平松,刘盛东,舒玉峰.煤层开采覆岩破坏发育规律动态测试分析[J].煤炭学报,2011,36(2):217-222.

[49] 张宏伟,朱志洁,霍利杰,等.特厚煤层综放开采覆岩破坏高度[J].煤炭学报,2014,39(5):816-821.

[50] 张丹,张平松,施斌,等.采场覆岩变形与破坏的分布式光纤监测与分析[J].岩土工程学报,2015,37(5):952-957.

[51] 尹希文.浅埋超大采高工作面覆岩"切落体"结构模型及应用[J].煤炭学报,2019,44(7):1961-1970.

[52] QU Q D,GUO H,KHANAL M. Monitoring and analysis of ground movement from multi-seam mining[J]. International journal of rock mechanics and mining sciences,2021,148:104949.

[53] WANG X Z,XIE J L,ZHU W B,et al. The field monitoring experiment of the high-level key stratum movement in coal mining based on collaborative DOFS and MPBX[J]. Scientific reports,2022,12:665.

[54] PENG S S,PARK D W. Shortwall mining in the US:a record of failure and success[J]. Coal mining & processing,1997,14(12):54-59.

[55] HARAMY K Y, FEJES A J. Characterization of overbueden response to longwall mining in the Western United States[C]//Proceedings of the 11th international conference on ground control in mining,1992:234-244.

[56] 王作宇,刘鸿泉.采空区应力、覆岩移动规律与顶底板岩体应力效应的一致性[J].煤矿开采,1993(1):38-44.

[57] 来兴平,栾小东,伍永平,等.开采扰动区变尺度采空区覆岩介质动态损伤实验[J].煤炭学报,2007,32(9):902-906.

[58] 张俊英.地表新增荷载对采空区上方覆岩的影响规律[J].煤炭学报,2008,33(2):166-170.

[59] 张国华,梁冰,侯凤才,等.采空区顶板覆岩压力同心传播转移与近心多载

规律[J].山东科技大学学报(自然科学版),2010,29(1):26-30.

[60] 王树仁,贾会会,武崇福.动荷载作用下采空区顶板安全厚度确定方法及其工程应用[J].煤炭学报,2010,35(8):1263-1268.

[61] 冯国瑞,任亚峰,王鲜霞,等.采空区上覆煤层开采层间岩层移动变形实验研究[J].采矿与安全工程学报,2011,28(3):430-435.

[62] 赵建军,蔺冰,马运韬,等.缓倾煤层采空区上覆岩体变形特征物理模拟研究[J].煤炭学报,2016,41(6):1369-1374.

[63] LUO Z Q, XIE C Y, ZHOU J M, et al. Numerical analysis of stability for mined-out area in multi-field coupling[J]. Journal of Central South University, 2015, 22(2):669-675.

[64] MENG Z P, SHI X C, LI G Q. Deformation, failure and permeability of coal-bearing strata during longwall mining[J]. Engineering geology, 2016, 208:69-80.

[65] 梁冰,汪北方,姜利国,等.浅埋采空区垮落岩体碎胀特性研究[J].中国矿业大学学报,2016,45(3):475-482.

[66] 李杨,任玉琦,王楠,等.采空区垮落顶板形态及其演化特征[J].煤炭学报,2021,46(12):3771-3780.

[67] XIE J L, XU J L. The corresponding relationship between the change of goaf pressure and the key stratum breaking[J]. Journal of geophysics and engineering, 2019, 16(5):913-925.

[68] FENG X T, WANG Y J, YAO J G. A neural network model for real-time roof pressure prediction in coal mines[J]. International journal of rock mechanics and mining sciences & geomechanics abstracts, 1996, 33(6):647-653.

[69] 谭云亮,肖亚勋,孙伟芳.煤与瓦斯突出自适应小波基神经网络辨识和预测模型[J].岩石力学与工程学报,2007,26(增刊1):3373-3377.

[70] 贺超峰,华心祝,杨科,等.基于BP神经网络的工作面周期来压预测[J].安徽理工大学学报(自然科学版),2012,32(1):59-63.

[71] 高玮,刘泉声.淮南矿区深部岩巷典型围岩参数反分析研究[J].沈阳大学学报(自然科学版),2013,25(1):58-64.

[72] 李慧民,李振雷,何荣军,等.基于粒子群算法和BP神经网络的冲击危险性评估[J].采矿与安全工程学报,2014,31(2):203-207.

[73] 崔峰,来兴平,陈建强,等.急斜特厚煤岩体耦合致裂应用研究[J].岩石力学与工程学报,2015,34(8):1569-1580.

［74］ XIE J L,XU J L,ZHU W B. Gray algebraic curve model-based roof sepa-ration prediction method for the warning of roof fall accidents［J］. Arabi-an journal of geosciences,2016,9(8):514.

［75］ 彭媛,张茹,王满,等.基于 Data Mining 技术的平顶山矿区不同赋存深度采动煤岩体巷道稳定性研究［J］.岩石力学与工程学报,2018,37(4):949-960.

［76］ HOU W. Identification of coal and gangue by feed-forward neural net-work based on data analysis［J］. International journal of coal preparation and utilization,2019,39(1):33-43.

［77］ LIU Q,LIU J,GAO J X,et al. An empirical study of early warning model on the number of coal mine accidents in China［J］. Safety science,2020,123:104559.

［78］ 赵毅鑫,杨志良,马斌杰,等.基于深度学习的大采高工作面矿压预测分析及模型泛化［J］.煤炭学报,2020,45(1):54-65.

［79］ 葛世荣,张帆,王世博,等.数字孪生智采工作面技术架构研究［J］.煤炭学报,2020,45(6):1925-1936.

［80］ 王国法,任怀伟,赵国瑞,等.智能化煤矿数据模型及复杂巨系统耦合技术体系［J］.煤炭学报,2022,47(1):61-74.